油液信息在齿轮和滑动轴承磨损故障识别中的应用

庞新宇 著

北 京

冶 金 工 业 出 版 社

2020

内 容 提 要

本书以齿轮和滑动轴承为例，介绍了多种油液分析方法在识别零件的磨损状态、预测零件使用寿命中的应用。全书共6章，主要包括基于磨粒信息的齿轮磨损状态识别、基于油液综合信息的齿轮磨损故障预测方法、滑动轴承磨损磨粒浓度预测、滑动轴承磨损寿命预测方法、油液检测与故障诊断网络服务平台的开发与实现等内容。

本书可供设备维修、维护及润滑管理等方面的技术人员阅读；也可供高等院校机械工程专业本科生和研究生参考。

图书在版编目（CIP）数据

油液信息在齿轮和滑动轴承磨损故障识别中的应用/庞新宇著 . 一北京：冶金工业出版社，2020.5
ISBN 978-7-5024-8489-7

Ⅰ.①油…　Ⅱ.①庞…　Ⅲ.①齿轮—磨损—故障诊断
②滑动轴承—磨损—故障诊断　Ⅳ.①TH132.41
②TH133.31

中国版本图书馆 CIP 数据核字（2020）第 069856 号

出 版 人　陈玉千
地　　址　北京市东城区嵩祝院北巷 39 号　邮编　100009　电话　(010)64027926
网　　址　www.cnmip.com.cn　电子信箱　yjcbs@cnmip.com.cn
责任编辑　杜婷婷　美术编辑　郑小利　版式设计　孙跃红
责任校对　王永欣　责任印制　李玉山
ISBN 978-7-5024-8489-7
冶金工业出版社出版发行；各地新华书店经销；三河市双峰印刷装订有限公司印刷
2020 年 5 月第 1 版，2020 年 5 月第 1 次印刷
169mm×239mm；9.25 印张；180 千字；138 页
56.00 元

冶金工业出版社　投稿电话　(010)64027932　投稿信箱　tougao@cnmip.com.cn
冶金工业出版社营销中心　电话　(010)64044283　传真　(010)64027893
冶金工业出版社天猫旗舰店　yjgycbs.tmall.com
（本书如有印装质量问题，本社营销中心负责退换）

前　言

　　齿轮箱和转子系统是机械设备中常用的基础性部件，作为主要零件的齿轮和滑动轴承极易发生磨损，进而导致设备失效。为了准确地识别这些零件的磨损状态，提高设备运行的可靠性，本书利用油液分析技术从多个方面对齿轮和滑动轴承的磨损状态和故障预测进行了研究。为了将计算机和互联网技术更好地应用于机械设备的故障诊断，实现信息融合与共享，开发了具有多功能模块的"油液检测与故障诊断网络服务平台"，扩大了该技术的服务面，提高了机械设备油液诊断技术的效率和智能化水平。

　　针对不同运行时间下齿轮磨损状态的识别，研究了基于磨粒铁谱信息的齿轮磨损状态识别方法。首先，对铁谱图进行图像技术，获得齿轮箱齿轮从磨合到剧烈磨损阶段润滑油中磨粒的种类及变化趋势，通过定性分析识别了齿轮不同运行时间下的磨损状态。其次，运用润滑油磨粒分析仪，得到油液中大、中、小磨粒的定量参数，分别利用铁谱定量分析技术和形式磨损指数两种方法对齿轮不同运行时间下的磨损状态进行了识别。齿轮箱油液的黏度、酸值、水分和金属磨粒浓度携带了大量的齿轮故障信息，为了充分利用这4个指标值实现对齿轮故障的精准预测，本书提出了基于偏最小二乘回归的齿轮磨损故障预测方法，建立了油液的黏度、酸值、水分与油液中所含金属磨粒浓度的数学模型。预测结果显示，运用该方法可以快速地判断齿轮的磨损状态和故障信息，是对齿轮进行故障诊断和预测的一种有效的方法。

　　扭矩激励下转子系统滑动轴承磨损磨粒浓度随时间不断变化，

本书选取最小二乘支持向量机回归预测、灰色预测及指数平滑法预测滑动轴承磨损磨粒浓度变化规律，采用一种基于 IOWGA 算子的组合预测方法，建立了预测转子系统滑动轴承磨损磨粒浓度的组合预测模型及其评价指标体系。实例结果表明，基于 IOWGA 算子的组合预测模型的预测精度及预测效果明显优于其他 3 种单项预测法，有效地弥补了单项预测模型的不足，是预测润滑油中磨粒浓度的一种有效方法。本书还系统分析了转子系统滑动轴承磨损及寿命的影响因素，研究了扭矩激励及转速对转子系统滑动轴承磨损寿命的影响，并通过转子试验台进行了验证。在经典 Archard 磨损模型的基础上，提出一种改进的 Archard 磨损模型，测算出滑动轴承磨损率与扭矩激励及转速的关系，建立转子系统滑动轴承磨损寿命预测模型，为转子系统滑动轴承维修与更换提供了参考依据。

采用 B/S 模式，以 Visual Studio 2013 作为开发平台，SQL server 2008 作为数据库基础，以 C#语言、HTML 语言、CSS 及 JavaScript 脚本语言作为开发语言，同时结合 ASP. NET 技术、ADO. NET 数据库技术、面向对象编程技术实现了具有实用价值的油液检测与故障诊断共享服务平台的开发。在功能设计上，平台充分考虑用户需求，为中小企业和高等院校、科研院所搭建信息交流的桥梁。平台的功能主要分为用户功能模块和管理员功能模块，分别可以实现检测仪器查询、检测项目查询、检测案例查询、技术培训、检测报告查询、在线检测申请、系统帮助、登录与注册、油液报告管理、检测仪器管理和在线故障诊断等功能。对平台进行了测试与应用，结果表明，平台实现了油液数据的网络化、数字化管理，用户可以在任何有网络的地方进行平台的登录，随时了解设备的运行状态、检测数据，不受时间和空间的限制，提高了工作效率；科研人员可以通过平台获取机械设备的现场数据，以便于对设备的状态识别和发展趋势进行更深入的研究；平台为企业、科研院所、高校等建立了一座合作与联系的桥梁。

本书研究成果与出版得到了国家青年科学基金（51805352）、山西省科技基础条件平台建设项目（201605D121032）、山西省油液检测与故障诊断科研仪器共享服务平台运行奖补项目（201805D141008-1）的资助，金晓武、都玉辉和马俊杰等对本书部分研究作出了贡献，在此一并表示衷心的感谢。

由于作者水平所限，书中不妥之处，敬请广大读者批评指正。

作　者

2020 年 1 月

目　录

1 绪　　论

1.1 研究背景及意义

　　润滑油是保障机械设备健康稳定运行的关键要素，在设备中起着密封、润滑、冷却、清洗、减振和防腐等重要作用。机械设备在运行过程中，由于环境条件、零部件相对运动等因素影响，零件的磨损颗粒、空气杂质、环境中的水分、粉尘、润滑油中添加剂的物理化学变化的产物等都会进入润滑系统，造成润滑油性能的劣化，另外润滑油性能的改变也会导致和加速设备的磨损。一旦润滑系统出现问题，将会影响整台设备的运行，严重时可能会导致整个生产链断裂，使企业无法正常完成既定目标，造成巨大的经济损失。因此，对设备的润滑油液进行状态监测、实时跟踪、维护管理以及借助计算机技术对设备的运行状态进行智能预判是目前企业普遍关注的问题。

　　齿轮箱是现代机械设备中使用最广泛的基础部件之一，在汽车、航空航天、大型采矿设备、电力系统等行业中均有广泛的应用。齿轮箱的主要作用是用来传递动力和改变机械设备的转速，其具有传动精度高、传动扭矩大，以及结构紧凑等一系列优点。为了满足生产的要求，齿轮箱中的齿轮和轴承一般都会采用较高的加工精度和复杂的工艺，但是由于常在恶劣的工作条件下长时间甚至超负荷运行，齿轮箱中的零部件极易因疲劳磨损出现失效，如齿轮过度磨损、断齿、轴承故障等，导致机械设备不能正常运转。研究表明，齿轮箱极易发生局部故障，而局部故障中超过一半的故障又是发生在齿轮上。在不同的磨损状态下，齿轮箱摩擦副中的磨损现象和主要的磨损机理是不同的，齿轮箱在性能和结构发生变化的同时，会产生各种不同尺寸、形状、种类和浓度的磨粒。齿轮箱故障的发生是一个渐进的过程，齿轮箱故障发生前，其磨损状态必然会发生改变。因此，如何对齿轮箱的磨损状态进行识别，对故障进行提前诊断并预测齿轮箱未来的磨损发展趋势，对于整个设备的健康运行具有重要的研究意义。

　　齿轮箱中的齿轮在转动过程中会由于磨损而产生大量的磨粒，并随着润滑油的循环而大量分布在润滑油中。润滑油中的磨粒直接来源于摩擦副，其携带了与摩擦磨损相关的信息。因此，通过油液检测对这些磨粒进行分析，可以得到齿轮箱中齿轮所处的磨损状态。油液检测不仅能判断齿轮箱严重磨损状态下的故障，也能发现由于磨损导致的齿轮箱的一些早期故障，在一定程度上具有比振动、噪声等其他诊断方法更优越的性能。此外，还能够通过对油液磨粒的检测与分析得出齿轮箱的污染指标，为齿轮箱的润滑提出建议。

滑动轴承摩擦副作为燃气轮机、压缩机、航空发动机等旋转机械的关键传动件，其摩擦磨损状态将直接影响这些设备的使用性能。现代工业生产过程中，大型旋转机械设备极易受到各种恶劣工况和机械故障的影响，其转子系统必将产生强烈的机械振动，而机械振动导致设备产生噪声，从而降低转子系统的工作效率，如果机械振动比较严重甚至会造成机械零部件断裂，引起严重的生产事故。随着现代科学技术的发展和大型旋转机械设备自动化程度的提高，其转子系统的结构日益呈细长化，转速日益提高，进而使转子系统的振动问题变得越来越复杂，互联电网的启停、机械设备故障以及外部负载的变化都会使汽轮机组受到较大的扭矩扰动的影响，进而影响转子系统的稳定性。

从转子发展的新特点和转子典型故障的特征来看，机网互联使大型机械设备的轴系极易受到扭矩扰动的影响，扭矩扰动的类型既可能是暂态的、突变的，也可能是持续的、反复的，还可能是线性的或是非线性的。当这些扭矩扰动作用在转子系统转轴上时，转轴在滑动轴承摩擦副的轴心位置必然发生突变，造成滑动轴承润滑状态突变，进而造成滑动轴承异常磨损。当这些扭矩扰动较大时，滑动轴承油膜压力增大、油膜厚度变小；达到一定数值时，转子系统滑动轴承的最小油膜厚度小于其容许的最小油膜厚度，扭矩扰动将导致油膜破裂，造成转轴和滑动轴承直接金属接触，瞬时的碰摩会加剧滑动轴承磨损，严重的会导致转轴与滑动轴承咬死、烧瓦的严重现象。

因此，进行扭矩激励下转子系统滑动轴承磨损机理分析和扭矩激励下滑动轴承的磨损寿命预测诊断是非常有必要的，尤其是为了预防转子系统出现较大的机械故障，研究者都希望在可能出现机械故障之前或出现小故障时就能够及时、准确地检测到机械故障类型和严重程度，实现对转子系统的有效监测，节约不必要的检修费用，保证转子系统安全运转。结合前人的经验和理论，充分利用油液分析技术，研究扭矩激励下滑动轴承润滑和磨损状态变化情况，可为滑动轴承磨损寿命预测开辟一条新的途径。

随着我国机械制造领域对节能减排的要求越来越高，油液分析技术近年来又逐渐被人们重视。除了对油液的有效利用、减少排放，研究者期望将信息化手段用于油液分析，实现对设备的诊断和维护。本书从油液分析技术入手，分别以齿轮和滑动轴承为研究对象，提出一些新的油液诊断和计算方法，结合先进的互联网技术将油液分析技术更好地应用于企业的设备管理中。

1.2 摩擦磨损理论

1.2.1 摩擦理论

两个互相接触的物体在外力作用下作相对运动时其接触表面之间的切向阻抗现象叫作摩擦。常见的摩擦理论中主要有如下几种。

1.2.1.1 机械啮合理论

机械啮合理论认为，两接触表面间越粗糙，产生的摩擦力就越大；两接触表面间越光滑，产生的摩擦力就越小。但是，研究表明，该理论只适用于普通的粗糙面，超精加工时，当表面粗糙度降到表面分子相互作用的范围时，摩擦力反而会增大，此时机械啮合理论不再适用。

图 1-1 所示为 Amontons 提出的最简单的摩擦模型，其摩擦力公式如式（1-1）所示，此时摩擦力为：

$$F = \sum \Delta F = \tan a \sum \Delta W = f\,W \tag{1-1}$$

式中 f——摩擦系数；

W——正压力，N。

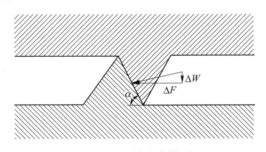

图 1-1 机械啮合模型

1.2.1.2 分子作用理论

20 世纪 30 年代初，Tomlinson 提出了分子作用理论，尝试去解释滑动摩擦现象。他指出，滑动摩擦中能量的损耗是由于接触表面分子间的电荷力引起的，从而应用该理论推导出了 Amontons 摩擦公式，并得出了摩擦系数的计算方法，如式（1-2）所示：

$$f = \frac{qQ}{Pl} \tag{1-2}$$

式中 q ——分子之间滑动方向与排列不平行的系数值；

Q ——分子转换时需要的能量，J；

p ——各个分子之间的平均斥力，N；

l ——分子间距离，m。

Tomlinson 理论指出了分子之间相互作用对摩擦力的影响，但是这无法解释摩擦现象。首先分子间的吸力随着分子间距离的增大而急剧减小，因此两个相对运动的接触表面的滑动摩擦力应随着接触面积的增加而增加，而与法线方向的载荷无关；其次，从式（1-2）可得，表面越粗糙，两个表面的实际接触面积就越小，因此其滑动摩擦力就越小，这明显与现实中表面越粗糙摩擦力越大不相符合。

1.2.1.3 黏着摩擦理论

无论是机械啮合理论还是分子作用理论，其对摩擦系数和粗糙度之间关系的解释都不尽如人意，它们都是片面的。因此，在 20 世纪 30 年代末期，Bowden 和 Tabor 等人经过深入的研究，建立了黏着摩擦理论，这是一种较为完善的理论，对摩擦学的研究和发展有重大的影响。

Bowden 和 Tabor 等人认为，在对两摩擦表面的实际接触面积进行分析时只考虑屈服极限 σ_s，在计算摩擦力的时候只考虑剪切强度极限 τ_b，这种思路对研究静摩擦是合理的。但是，在滑动摩擦状态下，由于两接触表面之间存在切向力，因此接触表面法向载荷产生的压应力 σ 和切向力产生的剪应力 τ 将决定接触点的变形和接触表面的实际接触面积。进而求得摩擦系数，如式（1-3）所示：

$$f = \frac{\tau_f}{\sigma} = \frac{c}{\left[a(1 - c^2) \right]^{\frac{1}{2}}} \tag{1-3}$$

式中 a, c ——待定常数；

τ_f ——软表面膜的剪切强度极限，N/m^2；

σ ——法向载荷产生的压应力，N/m^2。

通过修正的黏着理论更切合于实际，可以解释简单黏着理论不能解释的现象。

1.2.1.4 鹅卵石模型

黏着摩擦理论和机械-分子作用理论都是从力的角度探讨摩擦，近几十年来，人们以能量耗散为基础从微观上研究摩擦学行为，建立了诸多模型，其中尤其以 Israelachvili 建立的鹅卵石模型最为著名。其原理如图 1-2 所示。

在 Israelachvili 建立的模型中，接触表面认为是原子级光滑，其相对滑动这一过程被抽象地认为是球形分子在规则排列的原子阵表面上的移动。初始时，假设球形分子处在势能最小处并保持稳定。当球形分子在水平方向向前移动 Δd 时，必须在垂直方向往上移动 ΔD。外界通过摩擦力在这一过程所做的功为 $F\Delta d$，它

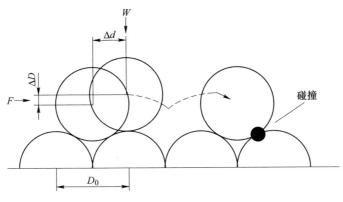

图 1-2 鹅卵石模型

等于两表面分开 ΔD 时表面能的变化 ΔE, 可以用式（1-4）估算：

$$\Delta E \approx 4\gamma A \frac{\Delta D}{D_0} \qquad (1\text{-}4)$$

式中 γ——表面能；

A——接触面积；

D_0——平衡时界面间距。

在滑动过程中，并非所有的能量都被耗散或为晶格振动所吸收，部分能量会在分子的冲击碰撞中反射回来。设耗散的能量为 $\varepsilon\Delta E$，其中 $0 < \varepsilon < 1$ 为一常数，则根据能量守恒定律，有：

$$F\Delta d = \varepsilon\Delta E \qquad (1\text{-}5)$$

因此，临界剪切应力 S_c 可写为：

$$S_c = \frac{F}{A} = \frac{4\gamma\varepsilon\Delta D}{D_0\Delta d} \qquad (1\text{-}6)$$

Israelachvili 进一步假设摩擦能量的耗散与黏着能量的耗散（即两表面趋近—接触—分离过程中的能量耗散）机理相同，且大小相等。于是，当两表面相互滑动一个特征分子长度 σ 时，摩擦力和临界剪切应力就可以分别写为：

$$F = \frac{A\Delta\gamma}{\sigma} = \frac{\pi r^2}{\sigma}(\gamma_R - \gamma_A) \qquad (1\text{-}7)$$

$$S_c = \frac{F}{A} = \frac{\gamma_R - \gamma_A}{\sigma} \qquad (1\text{-}8)$$

式中 $\gamma_R - \gamma_A$——单位面积的黏着滞后。

这个模型表明摩擦力与黏着滞后成正比，而与黏着力的大小无关，这一结果得到了部分实验的证实。

到目前为止，各种摩擦模型仍不完善，人们对摩擦的能量耗散机制仍未弄清，因此仍然需要进一步的研究。

1.2.2 磨损理论

一台机械设备从开始运转到达到使用寿命的过程中，磨损都在不可避免不断地发生。随着磨损的积累，机械设备中的零部件最终会因为过度磨损而失效。根据磨损机理的不同，磨损一般分为黏着磨损、疲劳磨损、磨粒磨损、腐蚀磨损、微动磨损五种。

1.2.2.1 黏着磨损

一般来说，摩擦副表面间的实际接触面积只占摩擦副表面总面积的很小一部分，其范围大约在万分之一到千分之一。由于实际接触面积太小，因此对于那些高速重载摩擦副，其会在摩擦副表面产生巨大的压力和瞬时高温，这种压力最大可以达到 5000MPa，温度最高可以达到 1000℃以上。在这种状况下，润滑油产生的油膜将由于高温高压而破裂，造成摩擦副表面实际接触面积上接触峰点黏着在一起。一般来说，局部高温只有几毫秒，因此随着温度的下降接触峰点处的黏着点将破裂。这种往复循环的黏着、破坏、再黏着的过程就构成了黏着磨损。黏着节点的破坏位置决定了黏着磨损的严重程度。根据黏结点的强度和破坏位置的不同，黏着磨损分为轻微黏着磨损、一般黏着磨损、擦伤磨损、胶合磨损 4 种。

1.2.2.2 疲劳磨损

摩擦副表面不论是处于滚动摩擦还是滑动摩擦状态下，只要存在交变应力，就会由于疲劳使得表面发生裂纹或者剥落，从而导致摩擦副表面产生大小不一的凹坑，该磨损称为疲劳磨损。一般来说，疲劳磨损多数发生在摩擦副表面有缺陷的地方，齿轮、轴承、凸轮等都容易发生疲劳磨损。

疲劳磨损的磨损机理为：摩擦副表面在交变应力的反复作用下在表面产生微小的裂纹，随后润滑油会反复挤入压出裂纹内部，导致裂纹快速扩展，最后脱落。裂纹的扩展速度与润滑油的黏度有很大的关系，黏度越大润滑油进入裂纹的速度越慢，因此裂纹的扩展速度就慢；反之，黏度越小，裂纹的扩展速度就越快。

表面疲劳磨损是不可避免的。但是，研究表明，增加润滑油的黏度能提高摩擦副的接触疲劳寿命。因此，为了提高设备的寿命，应选择合适黏度的润滑油。

1.2.2.3 磨粒磨损

在摩擦过程中，外界的硬颗粒或者摩擦副表面硬的凸起会划伤摩擦副表面，并引起材料的脱落，这就是磨粒磨损。磨粒磨损是摩擦副磨损最常见的一种形式，其造成的摩擦副材料损失，占到了因磨损而导致的材料损失的一半左右。

磨粒磨损的磨损机理主要有如下 3 种：

（1）微观切削。摩擦副表面上的法向载荷将润滑油中的磨料压入摩擦副表面，然后沿着摩擦副面上的切向力通过磨料的犁沟作用使得摩擦副表面产生切削和沟槽，并产生切削磨粒。

（2）挤压剥落。磨料在切向和法向载荷作用下被压入摩擦副表面产生压痕，并且伴随层状磨粒的产生。

（3）疲劳破坏。摩擦副在磨料产生的循环交变应力作用下，表面材料因疲劳脱落的现象。

1.2.2.4　腐蚀磨损

金属由于与周围的介质发生化学或电化学反应而使表面损伤的磨损称为腐蚀磨损。腐蚀磨损的磨损机理为：摩擦副表面由于与氧化介质发生氧化反应，生成一层极薄的氧化膜。随后由于摩擦副的运动，氧化膜被磨掉；接下来又生成新的氧化膜，随后又被磨掉。氧化膜连续不断生成又磨损掉的过程就是腐蚀磨损机理。

1.2.2.5　微动磨损

微动磨损的磨损机理如图 1-3 所示：图 1-3（a）中，微凸起的黏着作用在微振过程中形成磨粒，并堆积在临近的凹谷内；图 1-3（b）中，表面微凸起被磨掉，磨粒留在了接触面之间；图 1-3（c）中，由于磨粒对接触面的研磨作用，产生了更多的磨粒，并溢出到邻近的凹谷中；图 1-3（d）表示的是由大磨粒研磨形成的麻坑。

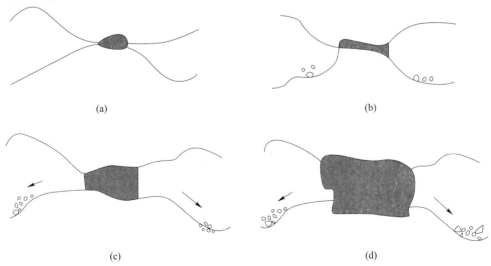

图 1-3　微动磨损过程示意图

1.3　油液分析常用技术

1.3.1　理化指标分析技术

机械设备在运行过程中，由于选择的润滑油型号错误、新油质量问题、在用润滑油变质等原因导致的润滑不良是机械设备异常磨损的主要原因，而润滑油的性能在很大程度上是由油液的理化指标决定的。因此，在利用油液分析技术对设备进行状态监测和故障诊断时，必须对设备油液的理化指标进行检测，从而判断设备的润滑状态是否符合设备的使用要求。油液理化指标有很多，常用的检测指标有黏度、酸值、水分、机械杂质、极压抗磨性等。

1.3.1.1　黏度

黏度是所有机械设备所用润滑油中最主要、最基本的检测指标，其反映了润滑油所能提供的承载能力的大小。黏度过大或者过小都会影响设备的正常运转。黏度过大代表着润滑油的油膜能提供的承载能力较大，润滑性好但是流动性很差，这样设备在运转过程中会因为润滑油摩擦力较大而产生更多的热，造成能量损失；而黏度小，润滑油不能为设备提供足够的油膜承载力，从而产生异常磨损。

本书对润滑油的黏度进行测定时，采用的是 BF-03A 运动黏度测定仪，该运动黏度测定仪由电气控制系统、浴缸、搅拌电机、黏度计夹等组成。利用该设备测定润滑油的运动黏度时单位为 mm^2/s。

在温度为 t 时，润滑油的运动黏度 v_t 按照式（1-9）计算：

$$v_t = c\tau_t \tag{1-9}$$

式中　　c ——黏度计常数，mm^2/s^2；

　　　　τ_t ——试样的平均流动时间，s。

1.3.1.2　酸值

酸值作为润滑油性能指标之一，主要检测油品中的酸性物质，酸性物质越多，酸值越高。润滑油添加剂衰变过程中会产生酸，从而使得腐蚀磨损加快，导致设备润滑不良，发生异常磨损。因此，酸值检测主要是为了预防酸对设备摩擦副的腐蚀。酸值是以消耗 KOH 的质量检测的，其单位是 mg/g。

测量酸值时滴定溶液为甲酚红，油液的酸值用式（1-10）所示方法计算：

$$X = \frac{VN \times 56.1}{G} \tag{1-10}$$

式中　　V ——滴定时消耗氢氧化钾乙醇溶液的体积，mL；

　　　　G ——试样的质量，g；

N——氢氧化钾乙醇溶液的当量浓度，这里为 0.1034。

1.3.1.3　水分

水分是指润滑油中水的质量与油液总质量的百分比。设备在运行过程中，由于密封不良或者泄漏等原因，都会导致水分进入润滑油中，使得润滑油乳化，油膜难以形成，添加剂失效，从而加剧设备的腐蚀和磨损。

本书测定润滑油中水分含量时，采用的是 BF-11A 型水分测定仪。该仪器主要由可调温电控箱、玻璃仪器等组成。水分含量在试样中的体积分数 $\varphi(\%)$ 与质量分数 $w(\%)$ 分别为：

$$\varphi = \frac{V_1}{V_0} \times 100\% \tag{1-11}$$

$$w = \frac{V_1 \rho_{水}}{m} \times 100\% \tag{1-12}$$

式中　V_0——试样的体积，mL；

　　　V_1——测定试样时接收器中的水分，mL；

　　　m——试样的质量，g；

　　　$\rho_{水}$——水的密度，g/cm^3。

1.3.1.4　机械杂质

所有悬浮和沉积于润滑油中的固体杂质统称为机械杂质。对于在用油品来说，定期检查油液中机械杂质含量的变化趋势十分重要。因为机械杂质一般来自外界粉尘污染、机器磨损产生的磨屑等，不仅会造成设备的异常磨损，还会堵塞油路及过滤器等，导致设备产生故障。测定机械杂质时，一般采用的是分度值为 0.0001g 的电子天平。

1.3.1.5　极压性和抗磨性

润滑油的极压性和抗磨性是衡量润滑油性能的重要指标。极压性是指润滑油在低速高负荷或者高速冲击负荷条件下，抵抗摩擦副表面发生烧结、擦伤的能力；抗磨性是指润滑油在轻负荷和中负荷条件下，能在摩擦副表面形成润滑油薄膜以抵抗摩擦副表面磨损的能力。润滑油在使用过程中常会因新油的品质以及使用过程中添加剂劣化而使油品的抗磨性能变差，或者摩擦副表面由于黏度降低而难以形成稳定的油膜强度，导致设备润滑部件的异常磨损。因此必须对润滑油的极压性和抗磨性进行检验。

图 1-4 所示为油液理化指标分析中的常用仪器。

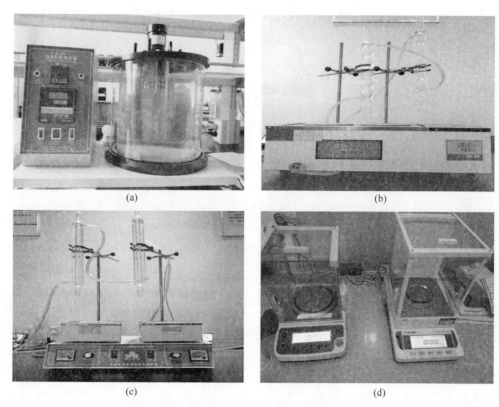

图 1-4　油液理化指标分析常用仪器

（a）运动黏度测定仪；（b）酸值测定仪；（c）水分测定仪；（d）电子天平

1.3.2　铁谱分析技术

　　铁谱分析技术是一种用于检测设备磨损状态的新型油液检测技术，起始于 20 世纪 70 年代。它的原理是利用高强度的磁场，将机械设备润滑油中含有的由于磨损或者其他原因产生的磨粒分离出来，并利用显微镜对磨粒的形貌、尺寸、类型以及数量的分布情况进行定性和定量的分析，从而获得设备摩擦副和润滑油的状态信息。与其他油液检测技术相比，铁谱技术有其独特的优势。例如利用铁谱定量分析获得的数据，可以敏感地反映机械设备磨损是否异常；此外通过铁谱技术获得的有关磨粒特征的图像信息，不但可以反映发生异常磨损的部位，还可以判断发生了何种类型的异常磨损，这是其他油液分析技术很难做到的。因此，它一问世便立即引起了国际摩擦学领域的广泛重视。经过 40 多年的研究和发展，铁谱分析技术已经在摩擦学机理研究和机器设备检测中获得了广泛的应用。

　　铁谱分析技术最重要的工具就是铁谱仪。当前最常见的铁谱仪主要有 4 种：（1）分析式铁谱仪；（2）直读式铁谱仪；（3）旋转式铁谱仪；（4）在线式铁谱仪。其原理都是利用高场强梯度磁场，将设备润滑油中磨损产生的铁磁性颗粒沉积在谱片上，使其按磁场方向排列成铁谱图来分析，只是磨粒采集方法和磁场形式不同。一般来说，分析式铁谱仪适合于油液污染较轻、大磨粒较少的机械设备，而旋转式铁谱仪则是适合于油液污染严重、大磨粒较多的机械设备。本书采用的旋转式铁谱仪如图 1-5 所示。

图 1-5 旋转式铁谱仪

1.3.3 光谱分析技术

光谱分析技术是最早应用于机械设备状态监测和故障诊断并且取得成功的油液检测技术之一。光谱分析技术不仅可以准确检测设备润滑油中小于 $5\mu m$ 的磨粒类型及其含量，还可以准确测定润滑油中添加剂含量，以及监测油液污染程度。因此，光谱分析技术是设备油液检测的最重要方法之一。

原子吸收能量后，原子核内部低轨道的电子会跃迁到较高的轨道上去，但是此时电子状态是不稳定的，其会通过释放光子的形式再回到原来较低的轨道上。电子在向低轨道跃迁这一过程中，会释放出一定能量的光子，不同的元素释放的光子频率是不一样的，因此通过测定光子的频率及其数量，就可以确定润滑油中某元素的类型及其数量，这就是光谱分析技术的原理。

光谱分析技术可分为原子发射光谱技术、原子吸收光谱技术、X 射线荧光光谱技术、红外光谱技术等。

1.3.4 颗粒计数分析

颗粒计数是评定油液中固体颗粒（包括机器磨损微粒）污染程度的一项重要技术。它的特点是对油样中的颗粒进行粒度测量，并按预选的粒度范围进行计数，从而得到有关颗粒粒度分布方面的重要信息。通过与标准对比，获得对油液污染程度的评价。起初主要是依靠光学显微镜和肉眼对颗粒进行测量和计数，现在则采用图像分析仪进行二维自动扫描和测量。但是这些都需要首先将颗粒从油液中分离出来，并且分散沉积在二维平面上。随着颗粒计数技术的发展，各种类型的自动颗粒计数器相继研制成功，它们不需要从油液中将颗粒分离出来便能自动对其中的颗粒大小进行测定和计数。

1.4　国内外研究动态

1.4.1　油液性能与设备磨损的关系

磨损是机械设备失效的主要形式之一，磨损会改变油液的性能，同时油液性能的改变也会使设备产生异常磨损，影响机械设备的使用寿命。

在理论分析方面，Wang W 研究了基于随机滤波和隐马尔可夫理论的磨损预测模型，利用该模型将油液中金属磨粒的浓度用 Beta 分布表示，建立了一个递归模型来预测当前和未来的系统状态，结果表明该模型适用于基于油液分析的磨损监测；Akay、Carlson 和 Ruchti 等将数学模型和神经网络结合起来，利用数理统计中的分位数，对正态分布、指数分布、Beta 分布、Γ 分布、均匀分布、Weilbull 分布进行了详细的分析，并进一步将上述结论应用于油液分析技术中摩擦副摩擦磨损界限值的判断；M Kalin 等利用油液分析技术研究了氮化硅对轴承钢的磨损和摩擦性能，在不同的润滑条件下利用了光学显微镜和扫描电镜等技术确定磨损机理，并将轴承的磨损作为振幅和试验持续时间的函数，利用该方法确定了高浓度的油液降解形成的碳，证实了油液对磨损行为的关键影响。

不少学者对油液监测专家系统进行了研究。上海交通大学的徐启圣、李柱国将油液分析技术和机械设备的实际磨损状况结合起来，从多个角度综合分析了油液中携带的设备摩擦副摩擦磨损的关键信息，建立了一套多技术多属性的较为完善的油液分析与机械故障诊断专家系统。2008 年，刘剑锋将齿轮油的润滑性能与齿轮箱所处的磨损状态结合起来，预测了齿轮油的使用寿命，为齿轮箱的换油提供了一定的理论依据。2012 年张冠楠利用铁谱分析仪和扫描电镜对不同服役阶段润滑油中的磨粒含量、大小和形貌进行了分析，结果表明在不同服役阶段，磨粒的含量随着润滑油使用时间的增长而增大。2013 年，东北石油大学的王重苗以 DF11 型号的动车组作为研究目标，通过机油检测方法分析动车组内燃机的磨损状态，建立了适合于该动车组的油液数据管理系统，用来监测动车组内燃机的磨损状态。2014 年彭润玲采用黏度测试仪测定新油及 3 种不同服役阶段润滑油的黏度，采用 UMT-Ⅱ摩擦磨损试验机考察其摩擦学性能，并同时考察 3 种在用润滑油添加抗磨添加剂后的摩擦学性能。2015 年刘宇航设计了适用于采煤机传动系统的在线油液监测系统，并且通过扫描电子显微镜、在线铁谱仪及在线粒度仪，得到了齿轮试验机与采煤机传动系统磨粒产生的数量与尺寸变化规律及磨粒形貌特征。

在齿轮的润滑和磨损方面，南京航空航天大学的李龙在正交面齿轮传动的润滑特性分析中，介绍了几种典型的油膜厚度公式，计算了在不同润滑状态下点啮合正交面齿轮传动的最小油膜厚度，并分析了载荷参数、材料参数、速度参数以及润滑油的可压缩性等参数对油膜厚度的影响。太原理工大学张增强根据建立的渐开线齿轮传动的轮齿啮合模型，求得了全膜润滑状态下的齿面压力分布及轮齿接触区次表面的应力分布。2012 年哈尔滨工业大学潘冬研究了渐开线直齿圆柱齿轮在啮合过程中轮齿间各状态参量的变化规律，运用经典 Achard 磨损模型，离散化处理轮齿啮合的连续磨损过程，建立了渐开线直齿圆柱齿轮磨损寿命预测模型。陈立锋、吴晓玲等人基于 Dowson 提出了最小油膜厚度方程，利用MATLAB/Simulink 仿真平台，建立了齿轮啮合过程润滑状态的实时仿真系统，研究了齿轮润滑状态随转速、输入扭矩的变化关系。2014 年，董辉立研究了渐开线斜齿轮在混合润滑状态下，其动力学模型与弹性流体润滑特性、摩擦学特性与热效应之间的耦合作用，并建立了齿轮的摩擦动力学模型，完成了对齿轮接触疲劳寿命的预估。2015 年，吉林大学鞠彤晖研究了汽车传动系的齿轮箱，根据润滑油黏度计算油膜厚度，通过油膜厚度比判断齿轮的润滑状态。王胜伟以边界润滑理论为基础，建立了边界润滑状态下面齿轮传动的临界失效温度方程，推导出了边界润滑状态下面齿轮传动啮合过程中齿面接触点处摩擦系数及摩擦热流量的计算方法。

润滑不良会使设备产生异常磨损，并降低零部件的使用寿命。因此，为了降低设备的磨损，当前，国内外一些专家和学者提出了"现代设备润滑的理念"，并细化了油品选择、保管、监测的具体要求，尤其对在用油的监测、净化与养护两部分内容的补充与细化，使我国的润滑管理体系的发展向前迈进了一大步。

1.4.2　油液数据的分析处理技术

油液分析技术的应用领域不断扩大，也促使着相关技术和理论不断推陈出新，如图像处理技术、信息融合技术、BP 神经网络理论、主成分分析理论、计算机技术、互联网技术、人工智能专家系统等，主要体现在油液检测参数特征提取理论、设备运行状态的界限值设置方法、基于油样数据分析的设备磨损趋势预测方法和基于油液分析多源信息的磨损故障融合诊断等方面。

（1）油液检测参数特征提取理论。由于影响识别设备运行状态的因素复杂多样，在对其润滑油进行检测过程中，各项性能指标参数也数目众多。为了能够迅速、准确地识别设备的运行状态，需要获取主要的、可靠的、有价值的状态参数，学者们对此进行了探索研究。为了能够在油液的光谱和铁谱参数中提取特征量，张培林对油液众多参数的 Vague 集进行了与其期望的 Vague 集相似度的考量，提取了具有高相似度的参数作为特征量。李岳等人利用主成分分析方法将铁谱磨粒中具有相关关系的、有冗余的参数进行了剔除，达到了降维、简化数据的目的，同时提取出最具代表性的特征参数。主成分虽能达到降维目的，但只对具有线性相关的特征起作用，对非线性特征却无能为力。为了解决这一问题，温熙森等人对主成分进行扩展形成核主成分分析方法，可以对非线性特征进行提取。流形学习理论也备受各国学者的关注，王国德、张培林等人利用非线性流形学习方法对磨粒特征进行了提取，取得了明显的效果。

（2）设备运行状态的界限值设置方法。油液数据处理方法的选择对设备运行状态和润滑油性能指标的判断起着关键性的作用，选择合适的处理方法和设定合理的界限值往往能对结果的判断起到事半功倍的效果。在国内，徐明新等人利用统计学原理对 TBM 油液铁谱和光谱数据进行处理，将参数的界限通过三线值方法确定下来并在实际隧道的监测中具体应用。任国全、万耀青等人首先假设油液检测数据服从正态分布，然后计算出各项数据的均值与标准差，最后得出设备正常、警告和异常的界限值，为设备故障诊断界限值的确定做了进一步研究。张永国等人认为可以尝试将界限值问题当作一个动态系统进行研究，他们用神经网络的方法确立了界限值动态设定模型。在国外，一些专家学者还尝试着用智能方法自动识别样本数据的分布类型。比如，Sabuncuoglu、Yilmaz 等人对指数分布、均匀分布和正态分布利用神经网络方法进行了自动识别。

（3）基于油样数据分析的设备磨损趋势预测方法。在机械设备状态检测过程中，提前预测可能发生的故障，做到早期维护、保障设备的安全也是各国学者研究的重点。陈志英对航空发动机润滑油检测数据采用 ARMA 时序分析法建立了时序模型，对设备状态进行了趋势预测分析。任国全等人针对润滑油磨损颗粒浓度分别建立了线性回归模型、时序分析模型、灰色预测模型以及 BP 神经网络模型，然后对各个模型进行了试验研究和对比工作。严新平、谢友柏等人利用铁谱与光谱分析检测到的大小磨粒浓度值与各元素浓度值，建立了柴油机的磨损程度界限值，然后用灰色理论建立了磨损预测模型，用实际值与预测值之间的差异作为磨损程度的级别。梁华等人利用铁谱数据结合人工神经网络建立了单变量的预测模型，对设备磨损趋势进行了预测。吴明赞等人结合油液磨粒形貌特征参数用灰色理论建立了对船舶柴油机磨损趋势预测的模型。张红等人通过光谱数据应用灰色理论进行了磨损趋势预测。吴晓兵等人用光谱油料检测数据建立了一元、多元线性回归模型以及时间序列模型，对柴油机磨损进行了预测研究。当前学者们对预测模型的研究主要分为线性回归模型、ARMA 时序模型、神经网络模型及灰色模型等。其中研究相对成熟的模型有灰色模型和时序模型。

（4）基于油液分析多源信息融合的磨损故障诊断。在油样检测分析过程中，由于检测原理不同，一般可将检测方法分为铁谱分析法、光谱分析法、润滑油理化分析法、颗粒计数法等。设备运行中往往会受到众多因素的相互作用，单一的检测方法得到的数据往往不能全面准确反映设备的状态信息。因此，要想准确判断设备所处的状态，就需要将多种检测手段、多种数据源相互融合起来，这样才能提高诊断的可靠性。陈果在对航空发动机磨损故障诊断过程中的分析表明，单一的检测分析方法精确度不高，比如铁谱分析精度为55%，光谱为36%，颗粒计数法为33%，油品理化分析仅仅为21%，为了提高诊断的准确性，应将它们相互融合起来充分发挥各自的优势。赵方通过研究表明，将多种油液分析技术相互集成融合可大大提高设备故障识别率，一般可达70%以上。陈果、左洪福等人利用神经网络结合 D-S 证据理论对油样数据进行融合处理，使诊断结果的准确性提高显著。李应红等人将铁谱、光谱、颗粒计数和理化分析分别建立了基于规则的专家系统，然后将各系统诊断的结果与故障建立对应关系并将其作为神经网络的训练样本对网络进行训练，最后将待分析油样的各系统结果作为输入值，得到融合诊断的最终结果。

总之，油液检测分析技术就是利用多种技术和方法相互融合对油液数据进行处理，从众多的、复杂的信息中筛选并提取出可以代表设备运行状态的有用信息，准确识别设备故障和异常状态，及时预防故障的发生，指导维修。虽然现在研究的特征提取和数据处理方法多种多样，但还有许多地方需要改善。当前应用到实践中的数据特征提取和分析方法往往不够精确或实用性不强。因此，继续深入研究油液数据特点并开拓新理论、新方法是一项有重要意义和急需解决的课题。

1.4.3 滑动轴承磨损与寿命预测

1.4.3.1 滑动轴承磨损特性研究

近代以来，摩擦学的系统分析理论方法、摩擦副的磨损机理分析、磨损表面微观分析，都是摩擦学领域专家学者研究的重点。

1979 年 S. K. R. Chowdhury，H. Kaliszer，G. W. Rowe 等学者分析了在磨合过程中滑动轴承表面形貌的变化规律。1992 年孔凌嘉等学者考虑了缸套-活塞环摩擦副润滑状态，提出了内燃机缸套-活塞环系统的磨损模型，该磨损模型能够真实地反映摩擦系统中磨粒大小、磨粒分布以及磨粒浓度对内燃机缸套-活塞环系统磨损的影响。2001 年 J. Bouyer、M. Fillon 等学者研究了扭矩激励及转速对滑动轴承性能的影响。2006 年合肥工业大学的孙军设计研制了一种关于圆柱轴承润滑性能试验的专用试验台，试验研究了转轴受稳态载荷作用产生弯曲变形时滑动轴承的润滑性能。试验结果表明，在受稳态载荷作用下转轴产生变形，且在轴承孔中倾斜，导致滑动轴承油膜厚度和温度的分布发生了明显变化。2007 年 Alex de Kraker 建立了水润滑轴承的润滑模型，计算出在不同水润滑工况下的 Stribeck 曲线，分析了水润滑轴承在不同工况下润滑状态的变化规律。2008 年武汉理工大学袁成清在立式万能摩擦磨损试验机上模拟滑动轴承典型磨损过程，定性分析了滑动轴承磨粒与磨损表面特征的关系。

2008 年 Padelis G. Nikolakopoulos、Chris A. Papadopoulos 等学者提出了一种滑动轴承分析模型，通过求解雷诺方程得到转轴在滑动轴承摩擦副中的平衡位置，由于不对中和滑动轴承的磨损都将产生不同 Sommerfeld 数的磨损深度，故将转子-轴承系统的功率损耗的变化作为滑动轴承失效的函数。2008 年西安交通大学的武通海将在线铁谱可视化系统应用于监测滑动轴承的磨损状况，采用将磨粒覆盖面积的定量指标（IPCA）与磨粒铁谱图像相结合的方式表征滑动轴承磨损程度及磨损机理。2011 年 T. Sano、T. Nakasone、T. Katagiri、Y. Okamoto 研究了在混合润滑条件下滑动轴承磨损过程的理论分析方法。2012 年 Dirk Bartel、Lars Bobach、Thomas Illner 及 Ludger Deters 等学者介绍了一种计算混合摩擦作用下滑动轴承瞬态磨损特性的计算模型。2011 年山东大学的宋卫国分析了在阶跃载荷作用下滑动轴承轴心轨迹、油膜压力及油膜厚度的变化规律。2014 年 Athanasios Chasalevris 通过附加磁谐波激励研究磁谐波对滑动轴承磨损的影响，并通过动态响应测量滑动轴承的磨损。2014 年西安交通大学的武通海通过提取典型磨粒的形貌特征以判断滑动轴承正常磨损、切削磨损、疲劳磨损、严重滑动磨损的磨损机理，采用反馈式人工神经网络构建了自动磨损机理辨识模型，结果表明该模型可以有效识别在线磨粒图像中的特征磨粒。2014 年重庆大学的邓海峰求解了滑动轴承雷诺方程和 Sommerfeld 数的计算公式，利用 Streibeck 曲线研究了不同载荷和速度下滑动轴承润滑状态的变化；在此基础上研究了滑动轴承磨损机理。2015 年 David E. Sander 等研究了转轴受到稳定载荷作用下滑动轴承的磨损。

1.4.3.2　滑动轴承磨损寿命研究

在摩擦学研究领域中，磨损寿命研究一直是一项广泛而长期的研究工作。在一般机械设备零件失效的主要形式中，磨损失效几乎占零件失效的 90%以上，磨损寿命研究是当前国内外专家学者十分重视的研究课题。而滑动轴承轴瓦是易损件，其消耗量极大，因此，滑动轴承磨损寿命研究具有十分显著的经济效益和社会效益。

2004 年天津大学于战果分析了缸套磨损和气体泄漏机理，提出了内燃机气缸套磨损寿命预测模型。2011 年北京航空航天大学的周玉辉建立了止推轴承加速磨损寿命的方程。2013 年张详坡、尚建忠、陈循等学者依据关节轴承组合磨损理论，建立了自润滑关节轴承磨损寿命模型。2014 年重庆大学邓海峰分析了水润滑轴承磨损过程及磨损机理，建立了水润滑轴承磨损可靠性寿命模型。2014 年华中科技大学的唐雄伟分析了压缩机转子系统的接触应力的变化规律，推导出滚动/转子式压缩机转子系统曲轴磨损寿命的公式。2015 年董从林系统地分析了载荷、滑动速度对尾轴承摩擦磨损性能的影响规律，建立了尾轴承磨损量与转速、载荷和温度之间的关系。通过理论分析计算获得的尾轴承磨损率与实验数据相吻合，验证了尾轴承磨损寿命公式的可行性。2016年王丽设计并搭建了水润滑艉轴承加速寿命试验台，建立了水润滑艉轴承寿命模型。

1.4.4 油液分析技术的智能化

随着计算机和互联网技术的快速发展，油液分析技术正在向着智能化、信息化、在线监测的方向发展。在大数据和"互联网+"的背景下，开发一个能够将众多数据资源融合诊断的系统和服务平台已成了各国专家学者较为关注的领域。

油液分析技术与智能诊断技术的有机结合给油液分析带来了更加宽广的发展前景。2014年，北京工业大学霍威研究了风电机组齿轮箱的基本构成和主要故障类型，开发出了一种基于电磁感应原理的新型磨粒传感器，并成功研制出了磨粒检测设备的样机。史训兵提出基于在线油液磨粒检测的磨损状态监控技术，设计了适用于风机大孔径油管的金属磨粒检测传感器，在基于铁磁和非铁磁磨粒的独立优化检测技术基础上，开发了适用于风电场所有风电齿轮箱磨损状况分布式测量的智能监控系统。此外，西安交通大学在磨粒自动识别方面走在了前沿，其最新开发出的润滑油磨粒分析仪具有体积小、重量轻等优点，可以对设备进行在线取样分析，极大地提高了诊断的准确性。袁洪芳和江志农一起研究开发了FMS故障诊断专家系统知识获取子系统，该系统运用例子学习和指导学习相结合的学习方法，使系统能够依据现场情况来获取并改善原有知识，提高了专家系统知识获取的能力。杨忠和左洪福研究并开发了一个基于规则的MCD磨粒信息诊断专家系统，可利用油液中磨损微粒携带的信息对设备进行智能的故障诊断。

随着现代科学技术的飞速发展，智能诊断和服务平台也在不断完善和更新。采用如组态王、ASP、ASP. NET、数据库技术等不同技术开发诊断服务平台并应用于设备的监测中，可克服地域的限制，使用户能够随时随地查看设备的状态，提高工作效率。但是对于多故障、多方法协同融合智能诊断还需进一步的研究。美国学者W. Tse开发出了远程故障诊断平台，该平台可以通过Web发布监测和诊断数据，用户可通过网络获取诊断数据，及时掌握设备的运行状态。N. K. Verma等人开发了一个远程监测与故障诊断平台，可以为空气压缩机提供远程监控与诊断服务。刘春立针对煤矿设备开发了一个维修管理服务系统，郇峰等人开发了可远程网络服务的采煤机零件参数化CAD设计系统，谢嘉成等人利用计算机和互联网技术开发了可为煤矿采掘运装备提供虚拟拆装和仿真服务的系统，王俊明等人为煤矿设备开发了一个可通过网络访问的CAE分析系统。

1.5 主要研究内容

本书以齿轮和滑动轴承为研究对象，利用多种油液分析方法对不同运行时间下的润滑油开展理论和试验研究，识别齿轮和滑动轴承的磨损状态并预测零件的使用寿命。主要研究内容如下：

（1）油液信息与齿轮磨损状态的关系。采用多种油液理化指标检测仪器，结合铁谱仪、润滑油磨粒分析仪等对油液进行检测，获取油液不同的性能指标，选择合理的油液信息确定齿轮运行时间与磨损的关系，对磨损状态进行准确识别。

（2）基于油液信息对齿轮箱中齿轮的故障进行预测。在利用多种仪器对油液进行检测的基础上，构建磨粒浓度与理化指标之间的关系，判断齿轮的磨损状况，预测齿轮的寿命。

（3）转子系统滑动轴承润滑状态。考虑非线性油膜力以及弹性支撑对转子系统的影响，研究不同扭矩激励下滑动轴承支承处载荷的变化规律，分析不同扭矩激励条件下转子系统滑动轴承摩擦副油膜压力和油膜厚度的变化规律。

（4）利用电子天平提取滑动轴承磨损磨粒浓度数据，建立预测转子系统滑动轴承磨损磨粒浓度的组合预测模型及其评价指标体系。

（5）滑动轴承磨损寿命预测模型。在转子试验台上测得转子系统滑动轴承在不同转速不同定常扭矩工况下的磨损量，建立转子系统滑动轴承磨损寿命预测模型，同时比较分析不同转速不同定常扭矩扰动下转子系统滑动轴承磨损寿命。

（6）油样检测数据库及平台建设。建立机械装备油品数据库，包括油品理化性能、磨粒铁谱图等；建立"机械装备油样检测公共服务平台"，提供在线预约、咨询、数据处理和诊断预测等服务。对油液污染度、理化性能、磨粒特征进行科学检测，统计机械装备的油样数据并存入建立的油样数据库中，分析油液污染的影响因素及油液劣化的发展规律，综合油品理化性能、磨粒铁谱特征，在构建数据库的基础上，利用回归分析模型、三线值、神经网络等智能算法进行推断，形成诊断结果。

2 基于磨粒信息的齿轮磨损状态识别

在机器运行过程中，摩擦副的相对运动会产生摩擦磨损。为了减少由于摩擦导致的能量消耗和磨损导致的材料消耗，通常会在摩擦表面间加入润滑剂，它可以对机械设备起到润滑、减摩、冷却、清洗等作用。润滑油作为一种常用的润滑剂，是机器设备的"血液"，携带着设备润滑状态和磨损状态的各种信息。油液分析技术是检测润滑油所含信息的常用分析技术，主要包括润滑油分析和磨损微粒分析两大部分。其中，润滑油分析是通过检测油品理化性能指标变化来判断和识别机器设备的润滑状态；磨损微粒分析是通过检测润滑油中磨损微粒的尺寸、形貌、颜色和浓度等指标分析判断机器的摩擦磨损状态。本章利用铁谱定性分析技术、铁谱定量分析技术和形式磨损指数三种不同的方法对齿轮的磨损状态进行识别。

2.1 铁谱数据的获取

以齿轮箱为研究对象，通过磨损试验台采集磨损颗粒数据。试验台主要由主试箱、陪试箱、驱动电机、加载装置以及测试系统等组成，其结构示意图如图2-1所示，参数见表2-1。

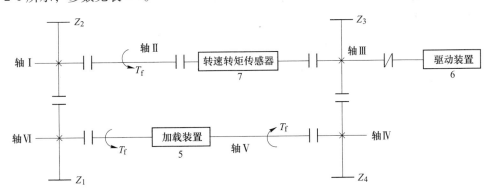

图 2-1　磨损试验台结构示意图

表 2-1　齿轮箱基本参数

齿数 Z_1	齿数 Z_2	模数/mm	转速/r·min^{-1}	扭矩/N·m	工作温度/℃
30	30	5	1200	1000	80

该齿轮箱采用飞溅润滑方式，取样位置如图 2-2 所示。由于在重力的作用下，分散在油箱中的磨粒具有自然沉降效应，磨粒在油液中呈现随机的、不均匀的分布状态，所以，从油箱中取样时，是一种接近静态的取样方法。为了确保取样的准确性，从油箱中取样时严格遵守以下注意事项：

（1）取样要在停机后半小时内完成，避免由于重力作用使得大磨粒沉降，导致油液磨粒浓度降低；

（2）取样时，取油管插入齿轮箱油面高度的一半左右；

（3）取样瓶为 250mL 的玻璃瓶，所取样本不超过取样瓶的 3/4。

图 2-2　齿轮箱取样位置

2.1.1　取样时间

实验主要以齿轮箱中齿轮为研究对象，在磨合期和稳定磨损阶段，每 4h 取样一次，到了后期剧烈磨损时基本为 2h 取样一次。

2.1.2　制谱

制作铁谱片时，首先将取得的油样在烘箱中 60℃ 的环境下加热 20min，取出来后摇动 1~2min，之后将油液和四氯乙烯按照 1∶3 的比例在试管中配好，摇动试管使油液和四氯乙烯充分混合均匀，然后利用旋转式铁谱仪将油液样本制成谱片，完成后静止几分钟，待谱片表面的四氯乙烯蒸发完毕，贴上标签，最后将谱片放在显微镜下观察。

2.2　基于铁谱定性分析的齿轮磨损状态识别

2.2.1　磨粒的特征识别

齿轮处于不同的磨损状态时，会产生不同形态特征、颜色特征及尺寸特征的磨损磨粒,通过铁谱定性分析技术可以对齿轮箱的磨损状态进行识别,包括磨粒形状识别、磨粒颜色识别、磨粒类型识别等。磨粒的形状一般有不规则状、椭圆状、螺旋线状、球形、多边形等。表2-2是常见磨粒的特征及形成机理。

表 2-2　常见磨粒的特征及形成机理

磨粒类别	特　征	形成机理
正常磨损磨粒	(1) 一般为薄片状,具有光滑表面,沿磁场方向呈现链状分布; (2) 长度一般在 $1\sim15\mu m$,厚度为 $0.15\sim1\mu m$	正常磨损期内摩擦副表面会形成一层极薄的微晶结构层,称为切混层,摩擦副表面只要存在稳定切混层,齿轮箱就处于正常磨损状态
切削磨损磨粒	一般呈曲线状、环状、螺旋线状和条状等。长度一般在 $25\sim100\mu m$,宽度一般在 $2\sim5\mu m$	摩擦副或者润滑油中较硬的磨粒沿着摩擦副表面相对滑动切削形成
滚滑复合磨损磨粒	(1) 疲劳剥落。具有光滑表面和不规则的周边,尺寸一般在 $10\sim100\mu m$,长度与厚度比大约 $10:1$; (2) 黏着磨损。表面有严重划痕,边界轮廓不规则,长度在几微米到数百微米; (3) 层状磨粒。极薄的游离金属磨粒,表面有空穴、空洞等缺陷,长度一般在 $20\sim50\mu m$	(1) 齿轮节线附近产生疲劳裂纹并且向深处扩展延伸,形成疲劳剥块; (2) 两齿轮之间由于重载或者高温导致润滑油膜破裂,两齿轮瞬间接触发生黏着,随后撕裂产生黏着磨损磨粒; (3) 剥落的磨粒黏在摩擦副表面,经过反复碾压形成
严重滑动磨损磨粒	磨粒尺寸较大,长度在 $20\sim200\mu m$,表面有明显的划痕	相对滑动的摩擦副表面切混层被破坏而产生大的金属磨粒,金属磨粒与摩擦副表面接触从而造成滑动磨损
铜磨粒	在反射光照射下呈现黄色	铜磨粒一般来自轴承的磨损
铁的红色氧化物	(1) 第一类为多晶体,在白色反射光照射下呈橘黄色,偏振光下呈橘红色,在铁谱片上沿着磁场方向沉积; (2) 第二类为红色氧化铁磨粒,在白色反射光下呈灰色,透色光下呈现红棕色	(1) 由于密封不严导致水分进入润滑油; (2) 由于润滑不良导致发生氧化磨损
铁的黑色氧化物	外观为表面呈粒状积团,并带有蓝色和橘红色的斑点,在铁谱片上沿着磁场方向沉积	产生于更加严重的恶劣润滑磨损条件下,是多种铁的化合物组成的混合物
摩擦聚合物	金属磨粒镶嵌在透明的非晶体内部,在反射光照射下金属磨粒呈现发亮的红色	摩擦副两表面在高应力状态下,润滑油分子聚合作用产生

在利用铁谱仪对油液样本进行制谱,并且用显微镜观察后,得到如图2-3所示的几种齿轮磨损中常见的磨粒。通过表2-2中常见磨粒特征可以识别出,由图2-3 (a) 到图2-3 (f) 的磨粒分别为正常磨损磨粒、疲劳剥落磨粒、黑色氧化物磨粒、切削磨粒、层状磨粒和摩擦聚合物。

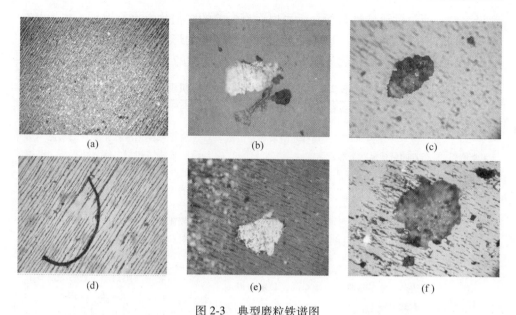

(a)　　　　　　　　　　(b)　　　　　　　　　　(c)

(d)　　　　　　　　　　(e)　　　　　　　　　　(f)

图 2-3　典型磨粒铁谱图

（a）正常磨损磨粒；（b）疲劳剥落磨粒；（c）黑色氧化物磨粒；

（d）切削磨粒；（e）层状磨粒；（f）摩擦聚合物

2.2.2　铁谱图像的预处理

在对铁谱图像进行识别时，仅靠显微镜观察磨粒特征过多依赖于人的经验，给自动识别磨损类型带来较大的难度。由于磨粒位置重叠、噪声影响、磨粒表面粗糙度较大导致铁谱图像难以识别时，就需要对铁谱图像进行一定的处理，以得到更好的识别效果。首先介绍通过灰度变换和滤波增强技术对图像进行预处理的方法。

2.2.2.1　铁谱图像的灰度化处理

（1）为了使用 MATLAB 软件对铁谱图像进行识别，应用 rgb2gray 函数将铁谱图像变为灰度图，然后利用 imadjust 函数调整图像的灰度值。

$J = imadjust(I, [low\_in; high\_in], [low\_out; high\_out], gamma)$ 是应用 imadjust 函数，通过调整图像的灰度值将灰度图 I 转化为灰度图 J，在 $[low\_in; high\_in]$ 间的值对应于 $[low\_out; high\_out]$，其他的值被剪切，并且值分别置换成与 low_out 和 high_out 相对应，默认为 $[0\ 1]$。gamma 用来调整灰度图的亮度和暗度，gamma>1 时，增强暗度；gamma<1 时，增强亮度。

图 2-4（a）、图 2-4（b）所示分别为一个疲劳磨粒的铁谱图及对其进行灰度化处理后的灰度图，图 2-4（c）所示为利用 imadjust 函数对铁谱图进行处理后的

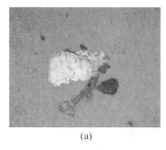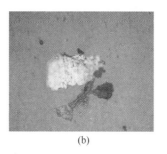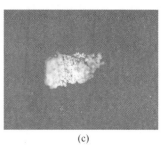

(a)   (b)   (c)

图 2-4　疲劳磨粒铁谱图及灰度图

（a）铁谱图；（b）灰度图；（c）imadjust 函数处理后的灰度图

灰度图像。可以看出，在经过处理后，周围的一些小磨粒不见了，大磨粒的边界轮廓显得更加清晰，更加便于识别。因此，在为图像进行后续处理做准备的同时，可以通过灰度图观察磨粒的外观轮廓等信息。

（2）铁谱图像的直方图均衡变换。利用 histep 函数用于直方图的均衡变换，其调用格式为：

J＝histeq（I，hgram），其输出图像的直方图具有 length（hgram） 个灰度级。理论上讲，直方图均衡化就是通过变换函数将原图的直方图调整为具有"平坦"倾向的直方图。

图 2-5～图 2-9 所示分别为正常磨粒、疲劳磨粒、氧化物磨粒、切削磨粒和层状磨粒原图像直方图和均衡变换后的直方图。

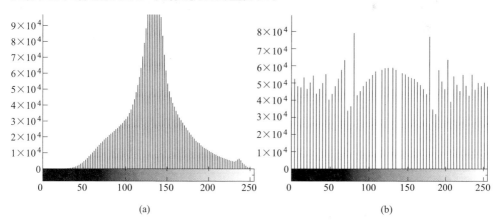

(a)   (b)

图 2-5　正常磨粒直方图与均衡变换后的直方图

（a）原始直方图；（b）均衡变换后直方图

由图 2-5～图 2-9 可以看出，不同的磨粒类型下，其磨粒的直方图与均衡变换后的直方图的形状并不相同。正常磨损磨粒的直方图类似于正态分布形状，且均衡变换后谱线高度基本一致；而在疲劳磨粒、氧化物磨粒、切削磨粒和层状磨粒

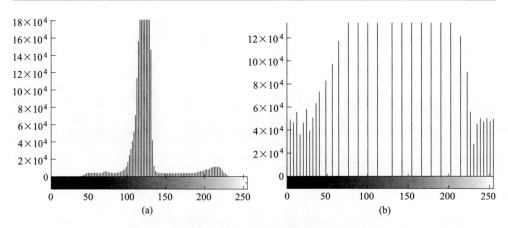

图 2-6　疲劳磨粒直方图与均衡变换后的直方图

（a）原始直方图；（b）均衡变换后直方图

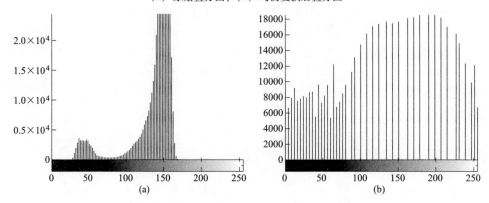

图 2-7　氧化物磨粒直方图与均衡变换后的直方图

（a）原始直方图；（b）均衡变换后直方图

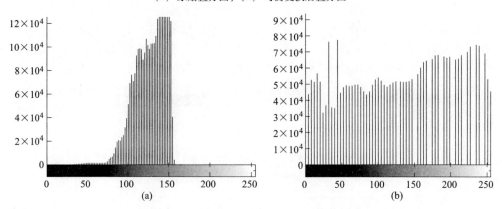

图 2-8　切削磨粒直方图与均衡变换后的直方图

（a）原始直方图；（b）均衡变换后直方图

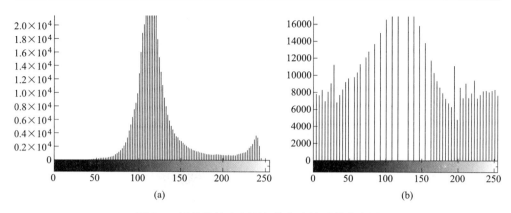

图 2-9　层状磨粒直方图与均衡变换后的直方图
(a) 原始直方图；(b) 均衡变换后直方图

的直方图与均衡变换后的直方图中，其形状和谱线变化较大。并且经过直方图均衡变换后，图像直方图灰度间隔被拉大了，这更有利于图像的分析与识别。

（3）铁谱图像直方图灰度变换。对不同的铁谱图像进行灰度变换后，提取图像的灰度值，可以得到不同磨粒类型下的灰度变换曲线。如图 2-10 所示。

由图 2-10 可以看出，不同的磨粒类型下，其磨粒的灰度变换曲线不相同。正常磨粒的灰度变换曲线分布在 x 轴和 y 轴方向都比较均衡，疲劳磨粒和层状磨粒的灰度变换曲线较为类似。通过灰度变换曲线可以看出，不同的磨粒类型，其灰度变换曲线是不一样的。

2.2.2.2　滤波增强

在获取铁谱图像的时候，由于一些内部和外界因素的干扰，使得图像上存在一些干扰信息，这些干扰信息不仅影响了图像的采集，还妨碍了对磨粒的准确识别。为了改善图像的质量，便于准确识别磨粒类型，需要对铁谱图像进行滤波增强。常用的图像滤波方法有低通滤波法、高通滤波法和中值滤波法等。图 2-11 和图 2-12 所示分别为氧化物磨粒和切削磨粒图像加入椒盐噪声和高斯噪声进行中值滤波后的结果，对比图 2-3 (c)、(d) 可以看出，加入椒盐噪声后再进行中值滤波，能去除小颗粒物的干扰，使得铁谱图像更容易识别。因此，采用加入椒盐噪声后进行中值滤波对铁谱图像进行滤波增强。

综上可知，在识别磨粒的过程中，遇到难以识别的磨粒类型时，可以运用铁谱图像的灰度化及其变换处理、滤波增强等方法来识别磨粒的类型。

2.2.3　齿轮磨损状态的识别

在对齿轮箱中齿轮进行连续的跟踪取样过程中，连续统计了谱片上大于 $20\mu m$ 的磨粒类型及其数量和百分比，统计结果见表 2-3。

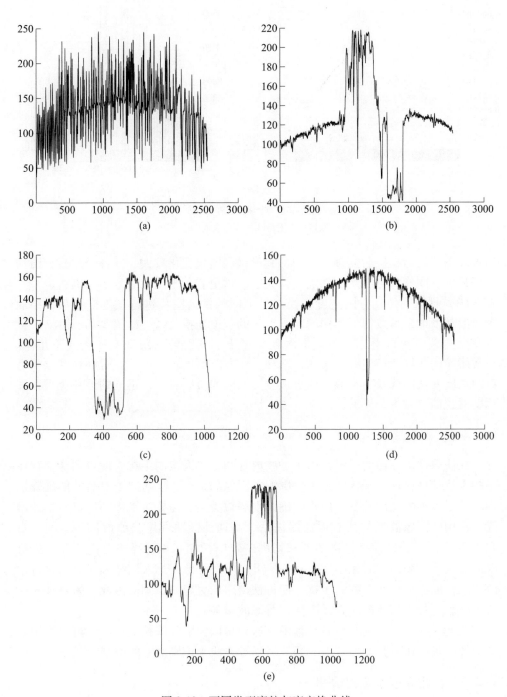

图 2-10　不同类型磨粒灰度变换曲线

（a）正常磨粒；（b）疲劳磨粒；（c）氧化物磨粒；（d）切削磨粒；（e）层状磨粒

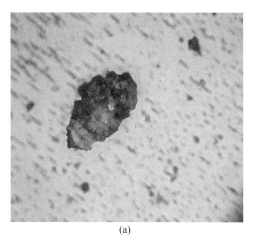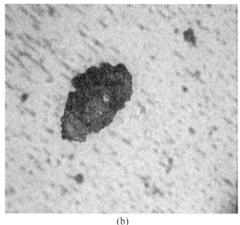

(a)　　　　　　　　　　　　　　　(b)

图 2-11　加入椒盐噪声与高斯噪声后的氧化物磨粒图像中值滤波
（a）加入椒盐噪声后中值滤波；（b）加入高斯噪声后中值滤波

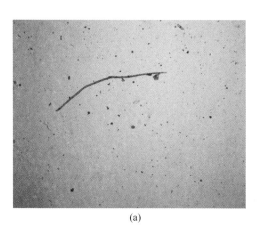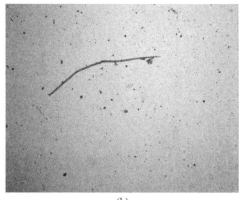

(a)　　　　　　　　　　　　　　　(b)

图 2-12　加入椒盐噪声与高斯噪声后的切削磨粒图像中值滤波
（a）加入椒盐噪声后中值滤波；（b）加入高斯噪声后中值滤波

表 2-3　典型磨粒数量及其百分比

取样时间 /h	疲劳剥块		切削磨粒		层状磨粒		氧化物磨粒	
	数量	百分比/%	数量	百分比/%	数量	百分比/%	数量	百分比/%
4	4	28.57	9	64.29	1	7.14	0	0
8	5	31.25	7	43.75	2	12.50	2	12.50
12	7	50.00	6	42.86	0	0	1	7.14
16	9	56.25	4	25	2	12.5	1	6.25
20	8	47.06	5	29.41	1	5.88	3	17.65

取样时间 /h	疲劳剥块		切削磨粒		层状磨粒		氧化物磨粒	
	数量	百分比/%	数量	百分比/%	数量	百分比/%	数量	百分比/%
24	8	44.44	3	16.67	2	11.11	5	27.78
28	6	37.5	1	6.25	3	18.75	6	37.5
32	8	61.54	2	15.38	1	7.69	2	15.68
36	5	71.43	2	28.57	0	0	0	0
40	7	58.33	3	25	1	8.33	1	.8.33
44	9	69.23	4	30.77	0	0	0	0
48	11	68.75	4	25	1	6.25	0	0
52	10	58.82	3	17.65	2	11.76	2	11.76
56	11	61.11	4	22.22	2	11.11	1	5.56
60	10	58.82	5	29.41	0	0	2	11.76
64	13	68.42	3	15.79	1	5.26	2	10.53
68	9	60	4	26.67	1	6.67	1	6.67
72	12	54.55	6	27.27	2	9.09	2	9.09
76	14	66.67	5	23.81	0	0	2	9.52
80	11	52.38	6	28.57	3	14.29	1	4.76
84	12	70.59	3	17.65	2	11.76	0	0
88	13	65	4	20	2	10	1	5
92	15	62.5	5	20.83	1	4.17	3	12.5
96	16	66.67	5	20.83	2	8.33	1	4.17
98	18	75	4	16.67	2	8.33	0	0
100	23	76.67	4	13.33	2	6.67	1	3.33
102	26	70.27	6	16.21	3	8.11	2	5.41

　　将表 2-3 中的不同磨粒数量及其百分比进行统计，可得到如图 2-13 和图 2-14 所示的变化趋势图。

　　由图 2-13 和图 2-14 可以看出，在齿轮运行初期，切削磨粒数量和百分比均为最高，且尺寸主要在 20～50μm。根据切削磨粒的产生机理可知，齿轮此时处于磨合磨损状态。到了 12h 后，疲劳磨粒的数量和百分比均是最高，表明齿轮此时处于稳定磨损状态，主要磨损类型由切削磨损转变为疲劳磨损。但是，在 24～28h 内，氧化物磨粒数量开始增加，表明齿轮处于不良润滑条件，停机检查后发现齿轮箱中润滑油含量减少，添加润滑油后氧化物磨粒快速减少。在齿轮运行 92h 后，润滑油中疲劳磨粒的数量快速增加，磨粒尺寸也开始变大，有的甚至达

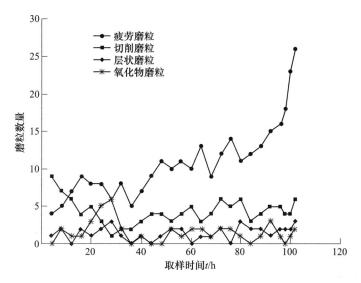

图 2-13 磨粒数量随取样时间变化趋势图

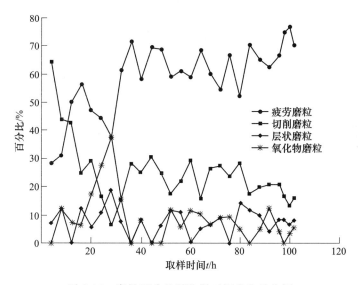

图 2-14 磨粒百分比随取样时间变化趋势图

到了 $100\mu m$，表明齿轮中磨损开始出现异常。通过观察设备在运行 92h 后的铁谱图（见图 2-15）可以看出，大量的疲劳磨粒开始堆积在谱片上，表明齿轮此时正处于严重的疲劳磨损状态。

由图 2-14 可以看出，齿轮运行阶段内，除了磨合阶段外，齿轮箱中磨粒的类型主要为疲劳磨粒，层状磨粒和氧化物磨粒很少出现。这表明齿轮整体上是处于疲劳磨损状态。对疲劳磨粒数量，运用最小二乘法将其拟合为三阶曲线，如图

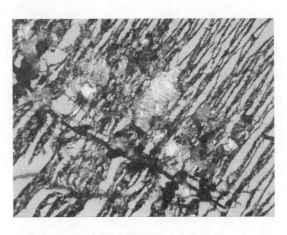

图 2-15　运行 92h 后的铁谱

2-16 所示。可以看出，疲劳磨粒数量的变化过程和机械设备的磨损过程曲线基本类似，也分为三个不同的阶段。这也从另一方面说明，运用铁谱定量分析技术，通过研究齿轮箱润滑油中磨粒的主要类型及其数量，能够对齿轮的磨损状态进行准确识别。

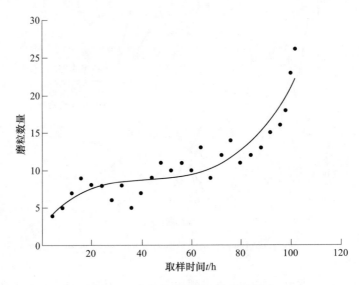

图 2-16　疲劳磨粒数量三阶曲线拟合

综上所述，运用铁谱定性分析技术，重点研究齿轮箱润滑油中最常出现的磨粒，识别磨粒类型并统计其数量，并进一步识别齿轮的磨损类型和磨损状态，可以准确识别齿轮所处的磨损状态。但是，这种方法难以准确判定齿轮磨损状态的严重程度，而利用铁谱的定量分析技术可以解决这个问题。

2.3　基于铁谱定量分析的齿轮磨损状态识别

2.3.1　铁谱定量分析参数

一般来说，铁谱定量分析参数有以下几种：

（1）大磨粒读数 D_L。大磨粒读数为利用直读式铁谱仪读出的润滑油中大磨粒的光密度值，代表的是油液中大磨粒的相对浓度值。大磨粒读数 D_L 为利用润滑油磨粒分析仪测出的油液中大于 $10\mu m$ 的大磨粒。

（2）小磨粒读数 D_S。小磨粒读数为利用直读式铁谱仪读出的润滑油中小磨粒的光密度值，它代表润滑油中小磨粒的浓度。小磨粒浓度 D_S 为利用润滑油磨粒分析仪测出的油液中小于 $10\mu m$ 的小磨粒。

（3）磨损烈度指数 I_S。总磨损与磨损烈度的乘积称为磨损烈度指数，$I_S = (D_L + D_S)(D_L - D_S)$。磨损烈度指数 I_S 是利用铁谱技术分析机械设备的磨损状态时的一个非常重要的参数。这是因为机器在正常磨损状态下，其润滑油中磨粒的光密度读数呈现为稳定读数，这时产生的磨粒尺寸一般在 $15\mu m$ 以下，此时 D_L 和 D_S 值相差不大。而当机器发生剧烈磨损时，磨粒数量剧增且大小磨粒尺寸之差急剧增大。I_S 值的变化，不仅与总磨损 $D_L + D_S$ 有关，同时也与磨损烈度 $D_L - D_S$ 有关，因此其不仅反映了在不同时间里机械设备磨损状态的变化，同时也反映了在不同时间里机械设备的磨损故障或损坏程度，因此，它是铁谱定量分析技术中一个非常重要的参数。

（4）累积总磨损和累积磨损烈度。累积总磨损 $\sum (D_L + D_S)$，即被监测系统总磨损值的累计值，其斜率代表磨损的变化率，斜率越大，磨损越严重；累积磨损烈度 $\sum (D_L - D_S)$，即被测系统磨损烈度的累计值，其斜率代表大磨粒的产生速度，斜率越大，大磨粒产生越多。

（5）磨粒浓度 WPC 和大磨粒百分比 PLP。磨粒浓度 WPC 也就是大磨粒读数 D_L 和小磨粒读数 D_S 之和与油液量的比值。大磨粒百分比 PLP 是总磨损值与磨损烈度值之比。即：

$$WPC = \frac{D_L + D_S}{\text{油液量}(mL)} \tag{2-1}$$

$$PLP = \frac{D_L + D_S}{D_L - D_S} \tag{2-2}$$

2.3.2　铁谱定量分析参数的获取

在进行铁谱定性分析时通常通过旋转式铁谱仪进行谱片制作，但是，旋转式铁谱仪无法得出油液中磨粒的定量信息，因此利用润滑油磨粒分析仪获取齿轮箱中油液的定量参数。

图 2-17 所示为润滑油磨粒分析仪。在用该设备对油液进行分析时，通过软件调整大磨粒尺寸阈值，可以快速得到油液中不同尺寸的磨粒定量参数，界面如图 2-18 所示。

图 2-17　润滑油磨粒分析仪

2.3.3　铁谱定量分析参数正态分布检验

铁谱定量分析参数通常有大磨粒读数 D_L、小磨粒读数 D_S、磨损烈度指数 I_S、磨粒浓度 WPC、大磨粒百分数 PLP 等。对于齿轮箱来说，油液中磨粒的尺寸差异较大。因此，选择大磨粒读数 D_L 和磨损烈度指数 I_S 作为齿轮磨损状态识别的依据。

在利用铁谱定量分析技术对齿轮的磨损状态进行识别的过程中，主要是利用 t 分布划定的磨损界限值来对齿轮的磨损状态进行识别。因此对于得到的油液数据有着严格的要求：

（1）待检测的油液数据要满足正态分布；

（2）待检测的油液数据要有一定的代表性，数量不能过少，同时要能反映出齿轮箱中齿轮的真实磨损状态；

（3）划分齿轮磨损状态界限时要选择齿轮运行平稳状态下获得的数据。

综上所述，在利用铁谱定量分析参数对齿轮箱中齿轮的磨损状态进行识别的过程中，除了数据要具有代表性之外，还要做以下的两个工作：一是要判断样本数据是否是正态分布；二是在选择数据划定磨损界限值时要剔除一些"坏值"。

表 2-4 为通过磨粒分析仪得到的齿轮运行过程中 27 组数据的大、小磨粒读数 D_L、D_S，以及磨损烈度指数 I_S。其中这里的大磨粒为油液中大于 $10\mu m$ 的磨粒，小磨粒为油液中小于 $10\mu m$ 的磨粒。

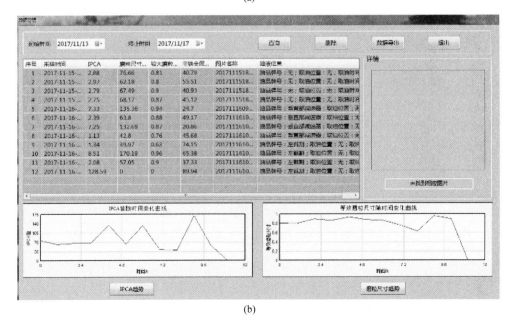

(a)

(b)

图 2-18　磨粒分析仪参数设置与数据管理
（a）参数设置；（b）数据管理

表 2-4　齿轮箱油液中 D_L、D_S 和 I_S 值

序号	D_L	D_S	I_S	运行时间/h
1	52.3	11.7	2598.4	4
2	47.6	9.4	2177.4	8
3	44.7	10.5	1887.84	12
4	36.8	13	1185.24	16
5	36.1	12.8	1139.37	20
6	43.1	11.2	1732.17	24
7	46.9	9.2	2114.97	28
8	37.1	12.3	1225.12	32
9	32.8	11.6	941.28	36
10	33.6	12.7	967.67	40
11	34.1	12.5	1006.56	44
12	31.4	13.1	814.35	48
13	32.3	14.2	841.65	52
14	35.3	17.9	925.68	56
15	34.1	12.6	1004.05	60
16	37.6	15.8	1164.12	64
17	35.1	13.7	1044.32	68
18	33.8	14.9	920.43	72
19	34.6	13.1	1025.55	76
20	37.5	15.4	1169.09	80
21	35.9	14.7	1072.72	84
22	38.3	16.1	1207.68	88
23	40.2	21.2	1166.6	92
24	45.5	22.6	1559.49	96
25	49.6	23.2	1921.92	98
26	57.3	22.9	2758.88	100
27	62.2	21.6	3402.28	102

由表 2-4 可以看出，在 1~3 和 24~27 这 7 组数据中，齿轮箱润滑油中大磨粒 D_L 的值急剧增加，因此在计算磨损界限值的时候应该把这几组数据剔除。剔除这几组数据后，检验数据是否为正态分布。

参数的正态性检验是统计学分析中极为常见的理论研究方法，对参数进行正态检验的方法很多，一般来说，常用的有以下两种方法：图像检验和 K-S 检验。

2.3.3.1 图像检验

将上述数据导入 SPSS 软件中进行检验，样本中的点分散坐落在直角坐标系第一象限内。如果样本服从正态分布，则在利用 SPSS 软件做出的 Q-Q 图中样本点大致上沿着第一象限对角线方向分布，在直方图中则是与正态分布曲线类似的对称的钟形分布。检验结果的 Q-Q 图如图 2-19 和图 2-20 所示，直方图如图 2-21 和图 2-22 所示。

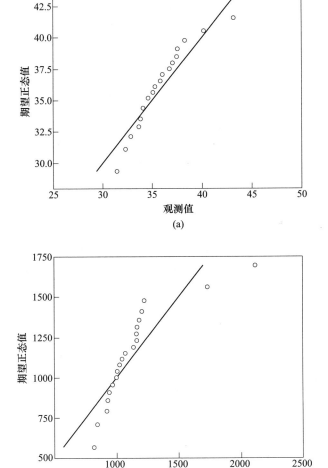

(a)

(b)

图 2-19 D_L 和 I_S 的正态 Q-Q 图

(a) D_L 的正态 Q-Q 图；(b) I_S 的正态 Q-Q 图

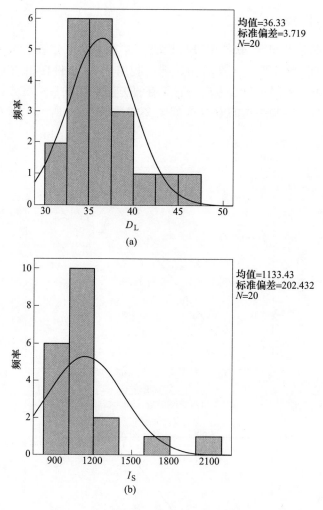

图 2-20　D_L 和 I_S 的正态直方图

（a）D_L 的正态直方图；（b）I_S 的正态直方图

由图 2-19 可以看出，D_L、I_S 在正态 Q-Q 图中的点基本坐落在第一象限的对角线附近，由图 2-20 可以看出，D_L、I_S 在直方图中基本呈现对称的钟形分布。

2.3.3.2　K-S 检验

Kolmogorov-Smirnov 检验简称为 K-S 检验，是一种基于样本经验分布函数的非参数检验方法。通过 SPSS 软件对 D_L、I_S 进行检验，可得出表 2-5 所示的结论。由表可知，D_L 的显著性水平为 0.637，I_S 的显著性水平为 0.085，均大于 0.05。结合 Q-Q 图和直方图的检验结果，可以认定 D_L 和 I_S 为正态分布。

表 2-5　单样本 K-S 检验

项目	N	正态参数 a, b		最极端差别			Kolmogorov-Smirnov Z	渐近显著性（双侧）
		均值	标准差	绝对值	正	负		
D_L	20	36.33	3.71924	0.166	0.166	-0.092	0.744	0.637
I_S	20	1133.431	302.4321	0.281	0.281	-0.146	1.256	0.085

2.3.4　齿轮磨损状态的识别

在利用铁谱定量参数对齿轮的磨损状态进行识别的过程中，若所获得的油液样本数据基本符合正态分布，则根据数理统计知识可知，当其样本为 n 时，其分布也服从自由度为 $n-1$ 的 t 分布。在对 t 分布的分位数 α 进行选择的过程中，考虑到齿轮工作环境的特殊性，选择的分位数分别为 $\alpha_1 = 0.05$ 为注意界限值，$\alpha_2 = 0.005$ 为警告界限值。

对于一组基于 t 分布的油液磨损界限值的确定，由 t 分布知识可知，其样本均值和标准差分别为：

$$V_1 = \overline{X} = \frac{1}{n} \sum_{i=1}^{n} x_i \tag{2-3}$$

$$\sigma = \sqrt{\frac{\sum_{i=1}^{n} (x_i - \overline{X})^2}{n-1}} \tag{2-4}$$

$$V_2 = \overline{X} + t_{1-\alpha_1}(n)\sigma \tag{2-5}$$

$$V_3 = \overline{X} + t_{1-\alpha_2}(n)\sigma \tag{2-6}$$

经查 t 分布表得，样本为 20 时，自由度为 19，此时 $t_{1-\alpha_1}(19) = 1.729$，$t_{1-\alpha_2}(19) = 2.861$。

利用上述公式对表中数据进行计算，可以得出如表 2-6 所示的磨损界限值。其中，D_L 的磨损界限值分别为 36.33、42.76 和 46.97，I_S 的磨损界限值分别为 1133.43、1656.33 和 1998.68。

表 2-6　D_L、I_S 磨损界限值

磨损界限值	D_L	I_S
V_1	36.33	1133.43
V_2	42.76	1656.33
V_3	46.97	1998.68
σ	3.72	302.43

利用表 2-6 中的数据，结合上述磨损界限值即可得出齿轮箱中润滑油大磨粒

D_L 和磨损烈度指数 I_S 的运行趋势和磨损界限图。

图 2-21 和图 2-22 所示为根据油液样本数据绘制出来的齿轮箱中润滑油大磨粒 D_L 和磨损烈度指数 I_S 的运行趋势及磨损状态。从图中可以看到，0~12h 是设备的磨合期，此时大磨粒读数 D_L 和磨损烈度指数 I_S 均处于异常磨损状态区间内，表明此时齿轮产生的大磨粒较多，齿轮处于异常磨损状态。随着磨合期的结束，大磨粒读数 D_L 和磨损烈度指数 I_S 均下降到 V_1 正常值附近，此时齿轮处于稳定磨损状态。但是在 24h 附近，大磨粒读数 D_L 和磨损烈度指数 I_S 又开始上升，表明此时齿轮又处于严重磨损状态，在随后停机检查中发现齿轮箱中润滑油减少，导

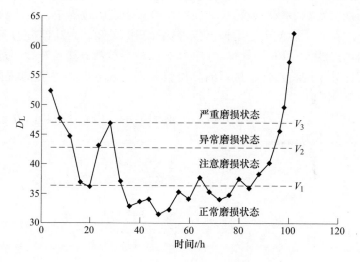

图 2-21　大磨粒 D_L 运行趋势和磨损界限图

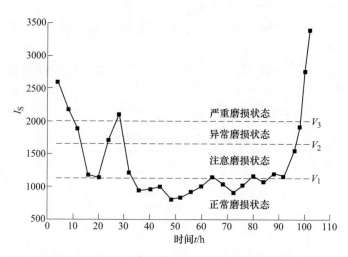

图 2-22　磨损烈度指数 I_S 运行趋势和磨损界限图

致齿轮不能正常润滑。在添加了润滑油后，齿轮开始正常运行，此时大磨粒读数D_L和磨损烈度指数I_S平稳运行，均处在正常磨损状态内。在 96h 时，大磨粒读数 D_L 和磨损烈度指数 I_S 再次超过"警告值"，进入异常磨损状态区间，表明齿轮此时可能处于异常磨损状态。此后，加强对油液的检测，取样时间缩短为 2h，接下来的时间可以看到 D_L 和 I_S 持续升高，并在 100h 时超过了"危险值"，进入了严重磨损状态区间，意味着齿轮出现了严重的磨损。随后停机，拆开齿轮发现齿轮表面已经出现了齿轮折断的严重故障，齿轮箱拆开后如图 2-23 所示，表明齿轮的寿命已经达到极限。

图 2-23　齿轮轮齿折断

2.4　基于形式磨损指数的齿轮磨损状态识别

2.3 节所述的方法是将齿轮箱润滑油中的磨粒分为大、小两种磨粒类型对齿轮的磨损状态进行识别。在对齿轮箱中齿轮的磨损状态进行识别的过程中，仅仅将磨粒区分为大、小磨粒，可能会忽略一些比较重要的信息，因此提出利用形式磨损指数的方法对齿轮的磨损状态进行识别。该方法可以通过分析式铁谱仪获得的数据对齿轮的磨损状态进行判别，但是由于分析式铁谱仪在读数过程中存在较大的误差，因此选择用润滑油磨粒分析仪对油液中所含的磨粒尺寸和数量进行读数。

2.4.1　形式磨损指数的计算

设形式磨损指数为 T，则形式磨损指数的计算方法为：

$$T = K_i \times \Delta Q(i) + Q_i \tag{2-7}$$

式中　　Q_i ——第 i 个油液中大小磨粒浓度之和，即 $Q_i = D_L + D_S$；

　　　　$\Delta Q(i)$ ——相邻两油样中大小磨粒浓度之和的差，即 $\Delta Q(i) = Q(i) - Q(i - 1)$，当 $i = 1$ 时，$\Delta Q = 0$；

K_i ——梯度指数，$K_i = [D_L(i) - D_m(i)] / [D_m(i) - D_S(i)]$；

$D_L(i)$ ——油液中大于 20μm 的磨粒；

$D_m(i)$ ——油液中 5~20μm 的磨粒；

$D_S(i)$ ——油液中小于 5μm 的磨粒。

形式磨损指数中 K 值的应用，可以很好地将油液中大、中、小三种磨粒的数量关系结合起来，而磨损量变化增量 $\Delta Q(i)$ 值可提高相邻取样间隔内齿轮磨损量变化的灵敏度。

根据统计学的规律，油液中磨粒的分布服从正态分布，因此在理论上形式磨损指数 T 也应该服从以 $\overline{T}$ 为中心的正态分布。则此时 T 的标准偏差 $S(i)$ 为：

$$S(i) = \sqrt{\frac{\sum\limits_{i=1}^{n} Q(i)^2 - \dfrac{\left(\sum\limits_{i=1}^{n} Q(i)\right)^2}{n}}{n-1}} \qquad (2-8)$$

通过式(2-8)的计算，可以将设备的磨损状态划分为 4 个界限：

(1)危险警告：$T(i) > \overline{T}(i) + k_1 s(i)$，此时设备处于严重磨损状态下或者产生了故障；

(2)注意：$\overline{T}(i) + k_1 s(i) > T(i) > \overline{T}(i) + k_2 s(i)$，此时设备的磨损状态发生了改变，齿轮可能处于异常磨损状态下，因此要密切注意；

(3)正常：$\overline{T} + k_3 s < T(i) < \overline{T} + k_2 s$，在此区间齿轮处于正常磨损状态；

(4)润滑油含量不足：$T(i) < \overline{T} + k_3 s$，在此区间齿轮箱润滑油含量不足，即齿轮处于润滑不良状态下。

在式(2-8)中，k 值的选取主要根据正态分布的原理来计算，3 个划分区间的要求为 $k_1 > k_2 > 0 > k_3$。根据本例齿轮发生严重故障的概率值，确定 $k_1 = 2.5$；根据齿轮发生一般故障的概率，确定 $k_2 = 1.0$；根据齿轮正常运行的数据，确定 $k_3 = -1.7$。

2.4.2　形式磨损指数定量评估流程

利用形式磨损指数对齿轮磨损状态进行判别的流程图如图 2-24 所示。

2.4.3　齿轮磨损状态的识别

通过调整磨粒分析仪中大磨粒尺寸的阈值，可以得到不同尺寸下磨粒的数量。因此，通过调节阈值得到的大中小磨粒的尺寸范围分别为：$D_L > 20μm$，$5μm < D_m < 20μm$，$D_S < 5μm$。表 2-7 为齿轮从磨合期开始到运行结束的实验数据。

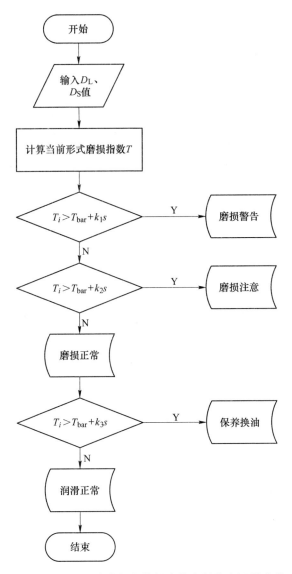

图 2-24　基于形式磨损指数的齿轮磨损状态识别流程

表 2-7　齿轮箱油液 D_L、D_M、D_S 值

设备运行时间/h	D_L	D_M	D_S	$D_L - D_M$	$D_M - D_S$
4	32.9	22.4	7.6	10.5	14.8
8	28.7	21.8	8.3	6.9	13.5
12	26.6	20.3	8.6	6.3	11.7
16	21.1	17.8	9.4	3.3	8.4

续表 2-7

设备运行时间/h	D_L	D_M	D_S	$D_L - D_M$	$D_M - D_S$
20	24.6	19.1	9.2	5.5	9.9
24	25.4	19.3	10.5	6.1	8.8
28	19.7	14.4	9.8	5.3	4.6
32	20.7	19.9	9.1	0.8	10.8
36	16.4	18.7	9.9	-2.3	8.8
40	17.5	19	10.6	-1.5	8.4
44	16.9	18.4	11.3	-1.5	7.1
48	17.3	19.2	10.6	-1.9	8.6
52	17.7	19.6	13.4	-1.9	6.2
56	18.1	21.2	11	-3.1	10.2
60	18.9	21.1	12.3	-2.2	8.8
64	18.6	22.5	11.8	-3.9	10.7
68	19.1	22.2	10.3	-3.1	11.9
72	18.8	20.3	11.3	-1.5	9
76	18.6	20.8	11.7	-2.2	9.1
80	18.9	22.1	11.5	-3.2	10.6
84	19.1	23.3	10.6	-4.2	12.7
88	18.7	23.3	10.8	-4.6	12.5
92	22.6	29.6	11.5	-7	18.1
96	26.3	31.3	12.8	-5	18.5
98	30.1	30.8	13.9	-0.7	16.9
100	33.4	30.1	14.2	3.3	15.9
102	37.2	33.9	14.8	3.3	19.1

利用 MATLAB 编写程序,将上述数据导入 MATLAB 中,可计算得到表 2-8 所示的数据。

表 2-8　K_i、Q_i、$T(i)$ 值

序号 i	K_i	Q_i	$T(i)$
1	0.71	40.5	41.21
2	0.51	37	35.21
3	0.54	35.2	34.23
4	0.39	30.5	28.65
5	0.56	33.8	35.63

序号 i	K_i	Q_i	$T(i)$
6	0.69	35.9	37.36
7	1.15	29.5	22.13
8	0.07	29.8	29.80
9	-0.26	26.3	27.14
10	-0.18	28.1	27.78
11	-0.21	28.2	28.18
12	-0.22	27.9	27.97
13	-0.31	31.1	30.12
14	-0.30	29.1	29.71
15	-0.25	31.2	30.68
16	-0.36	30.4	30.69
17	-0.26	29.4	29.66
18	-0.17	30.1	29.98
19	-0.24	30.3	30.25
20	-0.30	30.4	30.37
21	-0.33	29.7	29.93
22	-0.37	29.5	29.57
23	-0.39	34.1	32.32
24	-0.27	39.1	37.75
25	-0.04	44	43.80
26	0.21	47.6	48.35
27	0.17	52	52.76

计算出 $S(i) = 6.35$，从而将区间划分为：

（1）危险警告：$T(i) > 48.89$，此时设备处于严重磨损状态下或者产生了故障；

（2）注意：$48.89 > T(i) > 39.36$，此时设备的磨损状态发生了改变，齿轮可能会发生异常磨损，因此要密切注意；

（3）正常：$22.21 < T(i) < 39.36$，在此区间齿轮磨损状态正常；

（4）润滑油含量不足：$T(i) < 22.21$。

由图 2-25 可知，第一个点位于异常磨损状态区间内，表明齿轮处于磨合期。随后随着磨合的进行，形式磨损指数 T 逐渐降低；在第七个取样点，也就是 28h 的时候，形式磨损指数 T 低于正常磨损状态区间，处于润滑不良状态下，表明齿轮箱

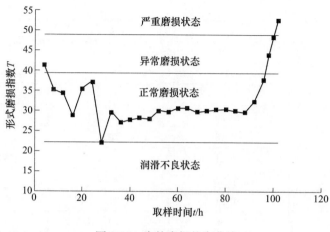

图 2-25　齿轮磨损状态曲线

润滑油含量不足。在添加润滑油后,齿轮运行平稳,一直处于正常磨损状态下。直到 96h 后 T 的值进入了异常磨损状态区间内,表明齿轮的磨损状态开始发生改变。在 102h 时进入了严重磨损状态区间内,表明齿轮处于严重磨损状态下。随后停机,拆开齿轮箱发现齿轮不仅出现了严重的点蚀,而且还出现了断齿,表明齿轮的寿命已经达到了极限。

通过上述曲线图可以看出,形式磨损指数由于最大程度上综合了齿轮箱中大、中、小磨粒的所有信息,因此能在不改变齿轮磨损状态趋势的前提下,增加相连两点之间的变化梯度,提高对齿轮所处的磨损状态的判断准确程度。另外,对比上一节的 D_L-t 曲线和 I_S-t 曲线,可以发现,形式磨损指数不仅区分了严重磨损状态、异常磨损状态、正常磨损状态三个区间,在对齿轮的磨损状态进行识别的基础上,还能判别出润滑不良状态。即当提示润滑油含量不足时,应进行加油换油,这是铁谱定量分析方法所不具有的优点。

2.5　小结

本章首先利用铁谱显微镜、铁谱图像识别技术和润滑油磨粒分析仪,获得了齿轮箱中齿轮从磨合开始到失效过程采集的油液中磨粒的定性和定量信息;然后利用铁谱定性分析技术、铁谱定量分析技术和形式磨损指数 3 种不同的方法处理上述得到的信息,对齿轮不同运行时间下的磨损状态进行了有效识别。

3 基于油液综合信息的齿轮磨损故障预测方法

润滑油分析和磨损微粒分析两种方法并不是孤立存在的,而是相辅相成,互为因果、相互联系的。润滑油的性能变化,可能是磨损颗粒引起的,也可能是其导致了机器零部件的磨损;同理,磨损颗粒的产生,可能是由于机器润滑状态不良所致,也可能是其导致了润滑油的劣化。不同的油液检测技术有其适用范围,也有其局限性(表 3-1)。若能将这些技术联合起来,互为补充,充分发挥各自的优点,就可以使检测准确率大大提高。

表 3-1 油液检测技术的比较

检测方法	定量	形态分析	成分分析	粒度/μm	检测速度	使用条件	费用
理化分析	准	不可	—	—	一般	一般	低
光谱分析	准	不可	可	$10^{-1} \sim 1$	快	高	高
铁谱分析	较准	可	可	$1 \sim 10^3$	直读式比分析式快	一般	一般
红外光谱分析	准	不可	可	分子级	较快	一般	高
颗粒计数分析	准	不可	不可	$1 \sim 10^3$	较快	一般	高

3.1 基于偏最小二乘回归分析的齿轮故障预测

在对齿轮故障进行诊断的过程中,润滑油的黏度、酸值、水分及油液中所含的金属磨粒浓度这 4 个指标携带了齿轮绝大多数的故障信息,因此是必要的检测分析项目。但是,黏度、酸值、水分以及金属磨粒浓度这 4 个指标之间所携带的信息存在一定的重复。黏度降低会导致润滑油无法提供足够的油膜强度而使得润滑油添加剂快速衰变,产生大量的酸,从而腐蚀设备,使得磨粒浓度增加;酸值的增加也会使得润滑油黏度变化以及磨粒浓度增加;而水分的变化同样会引起黏度和酸值以及磨粒浓度的变化。为了充分利用上述 4 个指标携带的有用信息,本书提出一种采用偏最小二乘回归分析的方法对齿轮故障进行预测。

3.1.1 偏最小二乘回归分析简介

偏最小二乘回归分析方法是一种新型的多元统计数据分析方法。该方法具有

最小二乘回归方法所不具备的优点:

(1)当多个因变量内部高度相关时,用偏最小二乘回归分析方法进行建模分析,比用其他方法对多个因变量进行逐个变量的多元回归分析更加精确,结论更加可靠。

(2)偏最小二乘回归分析方法可以有效地解决许多以往用普通多元回归无法解决的问题。在现实的研究中,当对某个设备进行分析时,研究人员一般会选取较多的指标,以期获得更多的关于设备的有用信息。但是,在所获得的这些指标中,很多指标之间存在一定的相关性。如果用最小二乘回归方法进行建模分析,则会由于指标之间的相关性而使得模型稳健性遭到破坏,误差变大,从而危害参数估计。而偏最小二乘回归模型可以有效筛选各个指标之间重合的数据信息,提取因变量中解释性最强的综合变量,识别有效信息与干扰,从而更好地克服多变量相关性在系统建模中的不良作用。

(3)偏最小二乘回归分析方法集主成分分析、典型相关分析和多元线性回归分析为一体,可以在一个算法下,同时进行数据结构简化、回归建模以及两组变量之间的相关分析。

3.1.2　偏最小二乘回归分析建模方法

设有 p 个自变量 $\{x_1, x_2, \cdots, x_p\}$ 和 q 个因变量 $\{y_1, y_2, \cdots, y_q\}$,通过测量 n 个样本点探讨二者间的统计关系,并得到它们的数据表,分别为 $\mathbf{X} = [x_1, x_2, \cdots, x_p]_{n \times p}$ 和 $\mathbf{Y} = [y_1, y_2, \cdots, y_q]_{n \times q}$,在运用偏最小二乘回归分析时需要从 $\mathbf{X}$ 中提取成分 t_1,在 $\mathbf{Y}$ 中提取出成分 u_1,在提取相应成分时需要注意以下两点:

(1) t_1 与 u_1 两个成分应尽可能多地携带相应数据表中的变异信息;

(2) t_1 与 u_1 两个成分的相关度尽可能达到最大。

从上面可以看出, t_1 与 u_1 两个成分对它们相应的数据表应该具有很好的代表性,而且 $\mathbf{X}$ 的成分 t_1 对 $\mathbf{Y}$ 的成分 u_1 又有最强的解释能力。

当提取出第一个成分 t_1 和 u_1 后,分别运用偏最小二乘回归方法进行 $\mathbf{X}$ 对 t_1 的回归和 $\mathbf{Y}$ 对 u_1 的回归。若回归方程的精度符合要求,则停止计算;如果回归精度不符合要求,则分别利用 $\mathbf{X}$ 和 $\mathbf{Y}$ 被第一个成分 t_1 和 u_1 解释后的残余信息进行成分的第二轮提取。如此循环下去,直至得到一个满意的精度。如果最终对 $\mathbf{X}$ 共提取了 m 个成分,分别为 $t_1, t_2, \cdots, t_m$,偏最小二乘回归将通过施行 y_k 对 $t_1, t_2, \cdots, t_m$ 这些成分的回归,再表示成 y_k 关于原变量 $\{x_1, x_2, \cdots, x_p\}$ 的回归方程。

3.1.3　偏最小二乘回归的算法步骤

首先对原始数据 $\mathbf{X}$ 和 $\mathbf{Y}$ 进行标准化处理,并将处理后的数据矩阵分别记为 $\mathbf{E}_0$

$= (\boldsymbol{E}_{01}, \cdots, \boldsymbol{E}_{0p})_{n \times p}$ 和 $\boldsymbol{F}_0 = (\boldsymbol{F}_{01}, \cdots, \boldsymbol{F}_{0q})_{n \times q}$。

（1）设 $\boldsymbol{t}_1$ 和 $\boldsymbol{u}_1$ 分别是 $\boldsymbol{E}_0$ 和 $\boldsymbol{F}_0$ 的第一个成分，$\boldsymbol{t}_1 = \boldsymbol{E}_0 \boldsymbol{w}_1$，$\boldsymbol{u}_1 = \boldsymbol{F}_0 \boldsymbol{c}_1$，$\boldsymbol{w}_1$ 和 $\boldsymbol{c}_1$ 皆为单位向量，分别是 $\boldsymbol{E}_0$ 和 $\boldsymbol{F}_0$ 的第一个轴，即有 $\|\boldsymbol{w}_1\| = 1$ 和 $\|\boldsymbol{c}_1\| = 1$。

一方面，$\boldsymbol{t}_1$ 和 $\boldsymbol{u}_1$ 要尽可能地反映原数据表中的变异信息，由主成分分析原理可知，两个成分的方差应尽可能大，即为：

$$\mathrm{var}(\boldsymbol{t}_1) \to \max$$

$$\mathrm{var}(\boldsymbol{u}_1) \to \max$$

另一方面，考虑回归建模分析需要 $\boldsymbol{t}_1$ 对 $\boldsymbol{u}_1$ 有最大的解释能力，借鉴相关分析的方法，可知上述二者之间的相关度应达到最大值，即为：

$$r(\boldsymbol{t}_1, \boldsymbol{u}_1) \to \max$$

综上可知，在偏最小二乘回归中，要求 $\boldsymbol{t}_1$ 与 $\boldsymbol{u}_1$ 的协方差达到最大，即

$$\mathrm{cov}(\boldsymbol{t}_1, \boldsymbol{u}_1) = \sqrt{\mathrm{var}(\boldsymbol{t}_1)\,\mathrm{var}(\boldsymbol{u}_1)}\, r(\boldsymbol{t}_1, \boldsymbol{u}_1) \to \max$$

正规的数学表述应该是对下列优化问题进行求解，即

$$\max_{\boldsymbol{w}_1, \boldsymbol{c}_1} \langle \boldsymbol{E}_0 \boldsymbol{w}_1, \boldsymbol{F}_0 \boldsymbol{c}_1 \rangle$$

$$\mathrm{s.\,t.} \begin{cases} \boldsymbol{w}_1' \boldsymbol{w}_1 = 1 \\ \boldsymbol{c}_1' \boldsymbol{c}_1 = 1 \end{cases}$$

因此，也就是在约束条件 $\|\boldsymbol{w}_1\|^2 = 1$ 和 $\|\boldsymbol{c}_1\|^2 = 1$ 下，求矩阵 $(\boldsymbol{w}_1' \boldsymbol{E}_0' \boldsymbol{F}_0 \boldsymbol{c}_1)$ 的最大值。

采用拉格朗日算法，记：

$$s = \boldsymbol{w}_1' \boldsymbol{E}_0' \boldsymbol{F}_0 \boldsymbol{c}_1 - \lambda_1(\boldsymbol{w}_1' \boldsymbol{w}_1 - 1) - \lambda_2(\boldsymbol{c}_1' \boldsymbol{c}_1 - 1) \tag{3-1}$$

对 s 分别求关于 $\boldsymbol{w}_1$、$\boldsymbol{c}_1$、λ_1 和 λ_2 的偏导数，并让其等于零，则有：

$$\frac{\partial s}{\partial \boldsymbol{w}_1} = \boldsymbol{E}_0' \boldsymbol{F}_0 \boldsymbol{c}_1 - 2\lambda_1 \boldsymbol{w}_1 = 0 \tag{3-2}$$

$$\frac{\partial s}{\partial \boldsymbol{c}_1} = \boldsymbol{F}_0' \boldsymbol{E}_0 \boldsymbol{w}_1 - 2\lambda_2 \boldsymbol{c}_1 = 0 \tag{3-3}$$

$$\frac{\partial s}{\partial \lambda_1} = -(\boldsymbol{w}_1' \boldsymbol{w}_1 - 1) = 0 \tag{3-4}$$

$$\frac{\partial s}{\partial \lambda_2} = -(\boldsymbol{c}_1' \boldsymbol{c}_1 - 1) = 0 \tag{3-5}$$

由式（3-2）～式（3-5），可以得出：

$$2\lambda_1 = 2\lambda_2 = \boldsymbol{w}_1' \boldsymbol{E}_0' \boldsymbol{F}_0 \boldsymbol{c}_1 = \langle \boldsymbol{E}_0 \boldsymbol{w}_1, \ \boldsymbol{F}_0 \boldsymbol{c}_1 \rangle \tag{3-6}$$

记 $\theta_1 = 2\lambda_1 = 2\lambda_2 = \boldsymbol{w}_1' \boldsymbol{E}_0' \boldsymbol{F}_0 \boldsymbol{c}_1$，则 θ_1 是优化问题的目标函数值。

式（3-2）和式（3-3）可以写成：

$$\boldsymbol{E}_0' \boldsymbol{F}_0 \boldsymbol{c}_1 = \theta_1 \boldsymbol{w}_1 \tag{3-7}$$

$$\boldsymbol{F}_0' \boldsymbol{E}_0 \boldsymbol{w}_1 = \theta_1 \boldsymbol{c}_1 \tag{3-8}$$

将式（3-8）代入式（3-7）得：

$$E_0'F_0F_0'E_0w_1 = \theta_1^2 w_1 \tag{3-9}$$

同样的方法可得：

$$F_0'E_0E_0'F_0c_1 = \theta_1^2 c_1 \tag{3-10}$$

可见，w_1 是矩阵 $E_0'F_0F_0'E_0$ 的特征向量，对应的特征值为 θ_1^2。θ_1^2 是目标函数值，它要求取最大值，所以，w_1 是对应于矩阵 $E_0'F_0F_0'E_0$ 最大特征值的单位特征向量。而另一方面，c_1 是对应于矩阵 $F_0'E_0E_0'F_0$ 最大特征值 θ_1^2 的单位特征向量。

求得轴 w_1 和 c_1 后，即可得到成分：

$$t_1 = E_0w_1$$
$$u_1 = F_0c_1 \tag{3-11}$$

然后分别求 E_0 和 F_0 对 t_1、u_1 的三个回归方程：

$$\begin{cases} E_0 = t_1p_1' + E_1 \\ F_0 = u_1q_1' + F_1^* \\ F_0 = t_1r_1' + F_1 \end{cases} \tag{3-12}$$

式中，回归系数的向量为：

$$\begin{cases} p_1 = \dfrac{E_0't_1}{\| t_1 \|^2} \\[3mm] q_1 = \dfrac{F_0'u_1}{\| u_1 \|^2} \\[3mm] r_1 = \dfrac{F_0't_1}{\| t_1 \|^2} \end{cases} \tag{3-13}$$

而 E_1、F_1^*、F_1 分别是三个回归方程的残差矩阵。

（2）用残差矩阵 E_1 和 F_1 取代 E_0 和 F_0，然后，求第二个轴 w_2 和 c_2 以及第二个成分 t_2、u_2，有：

$$\begin{cases} t_2 = E_1w_2 \\ u_2 = F_1c_2 \\ \theta_2 = \langle t_2,\ u_2 \rangle = w_2'E_1'F_1c_2 \end{cases} \tag{3-14}$$

w_2 是对应于矩阵 $E_1'F_1F_1'E_1$ 最大特征值 θ_2^2 的特征向量，c_2 是对应于矩阵 $F_1'E_1E_1'F_1$ 最大特征值的特征向量。计算回归系数：

$$\begin{cases} p_2 = \dfrac{E_1't_2}{\| t_2 \|^2} \\[3mm] r_2 = \dfrac{F_1't_2}{\| t_2 \|^2} \end{cases} \tag{3-15}$$

因此，有回归方程：

$$\begin{cases} \boldsymbol{E}_1 = \boldsymbol{t}_2 \boldsymbol{p}_2' + \boldsymbol{E}_2 \\ \boldsymbol{F}_1 = \boldsymbol{t}_2 \boldsymbol{r}_2' + \boldsymbol{F}_2 \end{cases} \tag{3-16}$$

如此计算下去，如果 $\boldsymbol{X}$ 的秩是 A，则会有：

$$\begin{cases} \boldsymbol{E}_0 = \boldsymbol{t}_1 \boldsymbol{p}_1' + \cdots + \boldsymbol{t}_A \boldsymbol{p}_A' \\ \boldsymbol{F}_0 = \boldsymbol{t}_1 \boldsymbol{r}_1' + \cdots + \boldsymbol{t}_A \boldsymbol{r}_A' + \boldsymbol{F}_A \end{cases} \tag{3-17}$$

由于 $\boldsymbol{t}_1, \cdots, \boldsymbol{t}_A$ 均可表示成 $\boldsymbol{E}_{01}, \cdots, \boldsymbol{E}_{0p}$ 的线性组合，因此，式（3-17）还可以还原成 $\boldsymbol{y}_k^* = \boldsymbol{F}_{0k}$ 关于 $\boldsymbol{x}_j^* = \boldsymbol{E}_{0j}$ 的回归方程形式，即

$$\boldsymbol{y}_k^* = a_{k1} \boldsymbol{x}_1^* + \cdots + a_{kp} \boldsymbol{x}_p^* + \boldsymbol{F}_{Ak}, \quad k = 1, 2, \cdots, q \tag{3-18}$$

其中，$\boldsymbol{F}_{Ak}$ 为残差矩阵 $\boldsymbol{F}_A$ 的第 k 列。

（3）在运用偏最小二乘回归方法建模时，究竟应该选取多少个成分，可通过考察加入一个新的成分后可否明显改进模型的预测功能来判断。运用类似于抽样测试法的方式，将全部 n 个样本点分成两部分：第一部分是除去某个样本点 i 的所有样本点集合（共含 $n-1$ 个样本点），使用 h 个成分将这部分的样本点拟合一个回归方程；第二部分是将上面被除去的样本点 i 代入上述回归方程，可得到 y_i 在样本点上的拟合值 $\hat{y}_{hj(-i)}$。对每一个样本点 i，令 $i = 1, 2, \cdots, n$，重复上述过程，则可定义 y_i 的预测误差平方和为 $PRESS_{hj}$，有：

$$PRESS_{hj} = \sum_{i=1}^{n} \left(y_{ij} - \hat{y}_{hj(-i)} \right)^2 \tag{3-19}$$

将 $\boldsymbol{Y}$ 的预测误差平方定义为 $PRESS_h$，有：

$$PRESS_{hj} = \sum_{j=1}^{p} PRESS_{hj} \tag{3-20}$$

可以看出，如果回归方程的误差很大，稳健性不好，则其对样本点的影响将非常明显，从而使得误差增大，加大 $PRESS_h$ 的值。

此外，运用所有的样本点可拟合得到含 h 个成分的回归方程，将第 i 个样本点的预测值记为 $\hat{y}_{hji}$，并将 y_i 的误差平方和定义为 SS_{hj}，则有：

$$SS_{hj} = \sum_{i=1}^{n} \left(y_{ij} - \hat{y}_{hji} \right)^2 \tag{3-21}$$

定义 $\boldsymbol{Y}$ 的预测误差平方和 SS_h，有：

$$SS_{hj} = \sum_{j=1}^{p} SS_{hj} \tag{3-22}$$

对每一个因变量 y_k，定义：

$$Q_{hk}^2 = 1 - \frac{PRESS_{hk}}{SS_{(h-1)k}} \tag{3-23}$$

对于全部因变量 $\boldsymbol{Y}$，成分 $\boldsymbol{t}_h$ 的交叉有效性定义为：

$$Q_h^2 = 1 - \frac{\sum_{k=1}^{q} PRESS_{hk}}{\sum_{k=1}^{q} SS_{(h-1)k}} = 1 - \frac{PRESS_h}{SS_{(h-1)}} \qquad (3-24)$$

由式（3-24）可以得出，当 $Q_h^2 \geqslant 1 - 0.95^2 = 0.0975$ 时，t_h 成分的边际贡献是显著的。

3.1.4 齿轮故障预测结果分析

试验所用油样取自内蒙古蒙泰煤电集团有限公司满来梁煤矿某矿井采煤机牵引部齿轮箱，所用润滑油为长城 L-CKD320 重负荷工业闭式齿轮油。新油基本指标：运动黏度（40℃）为 320.0mm²/s，黏度指数为 92，开口闪点为 290℃，倾点为-9℃。考虑到满来梁煤矿开采深度和开采规模较大，年产量高，采煤机牵引部齿轮箱每半个月取 1 次油，取样在采煤机停机后 2h 内完成。

取样完成后，检测油样中铁元素含量及油液黏度、酸值、水分等指标。为了减少试验误差对结果的影响，每个指标的检测过程进行 3 次，在每组数据均处于正常范围的情况下取其平均值。

采煤机牵引部齿轮箱中齿轮正常磨损时，测得的油液分析数据见表 3-2。

表 3-2　齿轮箱油液分析数据

序号	取样日期	铁元素含量/%	黏度（40℃）/mm² · s⁻¹	酸值/mg KOH · g⁻¹	水分/%
1	2016-12-07	46×10^{-4}	320.97	0.57	0.0106
2	2016-12-22	53×10^{-4}	317.64	0.53	0.0113
3	2017-01-07	61×10^{-4}	323.35	0.49	0.0162
4	2017-01-22	55×10^{-4}	319.83	0.51	0.0131
5	2017-02-15	67×10^{-4}	321.44	0.46	0.0116
6	2017-03-02	63×10^{-4}	318.53	0.48	0.0128
7	2017-03-17	71×10^{-4}	315.72	0.45	0.0119
8	2017-04-01	68×10^{-4}	317.16	0.43	0.0147

运用 SPSS 软件分别对表 3-2 中的数据进行相关性分析，可以看出 PQ 值与酸值之间存在很强的相关性，与黏度、水分之间也存在一定的相关性，其他指标之间也存在不同程度的相关性。

对表 3-3 中各数据进行初值化处理，结果见表 3-4。将表 3-4 中的数据绘制成各指标数据随取样时间的变化曲线，如图 3-1 所示。由图 3-1 可以看出，铁元素含量随时间的增加不断上升，水分变化趋势较大，黏度和酸值则持续降低。

表 3-3　PQ、黏度、酸值、水分相关性分析表

项　　目		PQ	黏度	酸值	水分
PQ	Pearson 相关性	1	−0.359	−0.973①	0.358
	显著性（双侧）	—	0.383	0.000	0.384
	N	8	8	8	8
黏度	Pearson 相关性	−0.359	1	0.362	0.281
	显著性（双侧）	0.383		0.378	0.500
	N	8	8	8	8
酸值	Pearson 相关性	−0.973①	0.362	1	−0.454
	显著性（双侧）	0.000	0.378	—	0.259
	N	8	8	8	8
水分	Pearson 相关性	0.358	0.281	−0.454	1
	显著性（双侧）	0.384	0.500	0.259	
	N	8	8	8	8

① 在 0.01 水平（双侧）上显著相关。

表 3-4　齿轮箱油液分析数据初值化结果

序号	取样日期	铁元素含量 /%	黏度（40℃） /mm²·s⁻¹	酸值 /mg KOH·g⁻¹	水分 /%
1	2016-12-07	$1.00×10^{-4}$	1.00	1.00	1.00
2	2016-12-22	$1.15×10^{-4}$	0.99	0.93	1.01
3	2017-01-07	$1.28×10^{-4}$	1.01	0.86	1.53
4	2017-01-22	$1.20×10^{-4}$	0.99	0.89	1.24
5	2017-02-15	$1.33×10^{-4}$	1.00	0.81	1.09
6	2017-03-02	$1.34×10^{-4}$	0.99	0.84	1.21
7	2017-03-17	$1.48×10^{-4}$	0.98	0.79	1.12
8	2017-04-01	$1.41×10^{-4}$	0.99	0.75	1.39

在提取 x、y 主成分后，绘制 t_1/u_1 平面图，如图 3-2 所示。其中自变量 x_1、x_2、x_3 分别为黏度、酸值、水分，因变量 y_1 为铁元素含量。从图 3-2 中可看出，x、y 之间存在很强的相关性。因此采用偏最小二乘回归方法建模是合理的。

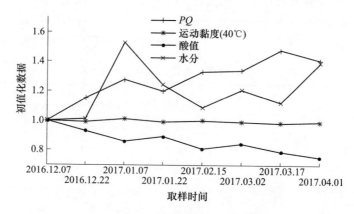

图 3-1　初值化后的齿轮箱油液分析数据

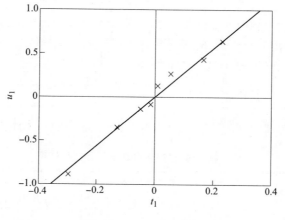

图 3-2　t_1/u_1 平面图

对以上数据进行偏最小二乘回归分析，按照 $Q_h^2 \geqslant 0.0975$ 的决策原则，经交叉有效性分析，经过 3 次主成分提取后，可得 $Q_4^2 \geqslant 0.0975$，此时回归方程的预测能力最佳，提取的 3 个主成分分别为 0.95、0.78 和 -0.11。最后所得到的回归方程为：

$$y = 0.95x_1 + 0.78x_2 - 0.11x_3 \qquad (3\text{-}25)$$

计算 t_1、t_2、t_3 的累计解释能力，结果见表 3-5。可看出当取 3 个主成分时，该模型对 x_1、x_3 的累计解释能力均达 95% 以上，对 x_2 的累计解释能力也大于 85%，对因变量 y 的累计解释能力大于 98%，均达到了较高的解释水平。对 x_2 的解释能力较低（低于 90%）的原因是酸值的测量在一定程度上依赖于人的操作，存在一定误差。通过上述偏最小二乘模型，即可对齿轮箱中齿轮在正常磨损状态下的铁元素含量进行预测。

表 3-5 累计解释能力 （%）

成分	x_1	x_2	x_3	y
t_1	86.1	64.8	81.5	94.1
t_2	92.3	81.6	91.7	96.8
t_3	95.6	88.1	95.3	98.4

由于齿轮箱润滑油在正常工作情况下缓慢衰变，所以油液的基本理化指标在一定区间内维持平衡。在齿轮处于正常润滑情况下，齿轮各磨损部位平稳地向油液中排放铁元素，因此油液中铁元素含量按照一定比例增加。当齿轮某个或某几个部位发生故障时，该平衡将遭受破坏，导致铁元素含量预测值和实际值（观测值）偏差增大，据此可对齿轮故障进行预测。试验表明，当油液中铁元素含量的绝对值超过 $10 \times 10^{-4}\%$ 时，可预判出齿轮箱中齿轮存在故障。

为了验证提出的采煤机齿轮箱中齿轮故障诊断方法的有效性，在得出回归方程后，从采煤机牵引部齿轮箱中取 8 组油样，分别得出油样中铁元素含量的实测值与预测值，见表 3-6。其中预测值通过本书提出的回归方程求得，实测值采用 PQ 铁谱仪测得。可以看出第 5 个油样的预测值与实测值误差较大，超过 $10 \times 10^{-4}\%$，判定齿轮的磨损存在异常磨损。从第 4 个油样的实测值与预测值即可看出二者之间的绝对误差在加大，只是在第 5 个样本点磨损更加明显，这更确认了齿轮的磨损在逐渐加剧。

表 3-6 齿轮箱油液铁元素含量实测值与预测值

序号	实测值/%	预测值/%	绝对误差/%
1	67×10^{-4}	65×10^{-4}	2.99
2	71×10^{-4}	68×10^{-4}	4.23
3	77×10^{-4}	74×10^{-4}	3.90
4	75×10^{-4}	79×10^{-4}	5.33
5	94×10^{-4}	76×10^{-4}	19.15
6	81×10^{-4}	83×10^{-4}	2.47
7	79×10^{-4}	80×10^{-4}	1.27
8	82×10^{-4}	84×10^{-4}	2.44

发现齿轮异常磨损后，采用旋转式铁谱仪对油样进行铁谱分析，图 3-3 所示为油样的 4 个谱片。将显微镜倍数调到 100 倍，利用反射光和透射光对谱片进行观察，可看出谱片上存在大量的 $50 \sim 100\mu m$ 的黑色氧化物，随后将显微镜倍数调到 400 倍下，利用反射光对谱片进行观察，如图 3-4（a）、（b）所示，可以明显看到磨粒表面有烧焦的痕迹，表明齿轮目前处于恶劣的润滑条件下。之后停止运

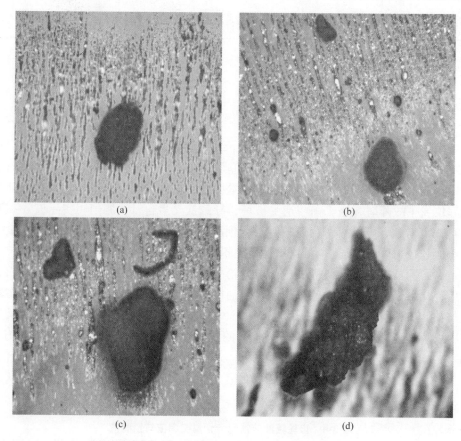

图 3-3　100 倍显微镜下黑色氧化物铁谱图

（a）谱片 1；（b）谱片 2；（c）谱片 3；（d）谱片 4

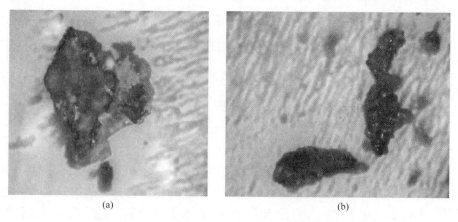

图 3-4　400 倍显微镜下黑色氧化物铁谱图

（a）谱片 1；（b）谱片 2

转，经检查是由于冷却系统的故障导致齿轮工作温度过高。排除故障后，第 6 组数据显示 PQ 的实测值和预测值的偏差又回到了正常范围内。该结果表明采用本章论述的方法判断齿轮故障的结果和实际情况是符合的，表明偏最小二乘回归模型能较好地反映油液中磨粒 PQ 值与其理化指标黏度、酸值和水分的关系。

3.2 基于主成分分析与 BP 神经网络的油液分析方法

3.2.1 主成分分析理论

在机械设备油样检测过程中，由于检测项目较多，如磨损颗粒浓度、润滑油中机械杂质、污染度、黏度、酸值、抗乳化、抗氧化、抗泡沫等，导致数据处理较为复杂，且各个指标之间并不相互独立，而是具有相互关系。为了更好地对检测数据进行有效处理，从众多信息中发掘出有用信息，故采用主成分分析方法。

主成分分析就是利用线性变换将多个影响因素化简为较少数量的关键因素的统计分析方法。在设备油液检测中，许多的检测指标蕴含的信息往往会相互有关联，若将多个类似的指标一起分析不仅会增加检测与诊断的工作量，还会影响最终对油样质量和设备状态的客观评价。利用主成分分析可以将原来数量众多的彼此间具有相关关系的指标降维成数量较少的彼此间不相关的指标。该方法可以提取原始指标中蕴含的信息并尽可能多地保留原始信息，将高维度、分散的指标简化降维得到低维度、聚集的综合指标。

从数学几何角度讲，主成分就是通过变换原始坐标系使样本点在新的正交坐标系下分布得最开，达到降维的目的。在新坐标系下构成的变量就可以最大化地反映原来变量所拥有的主要信息。现以二维空间为例解释其几何模型。设有 n 个油样，每个油样中有 2 个评价指标 x_1 和 x_2，在以变量 x_1 和 x_2 确定的二维平面中，n 个样本点分布的情况如图 3-5 所示。由图 3-5 可知，n 个样本点在两个方向上的离散性都很大，若只考虑其中一个因素，必然会丢失很大一部分原始信息。因此，可将两个坐标轴旋转一定的角度分别得到新的坐标轴 y_1 和 y_2，如图 3-6 所示。从图可知，样本点在 y_1 方向上分布最开，即能够代表绝大部分原始信息，故忽略 y_2 对结果也不会产生太大影响。

旋转公式为：

$$\begin{cases} y_1 = x_1\cos\theta + x_2\sin\theta \\ y_2 = -x_1\sin\theta + x_2\cos\theta \end{cases} \tag{3-26}$$

$$\begin{bmatrix} y_1 \\ y_2 \end{bmatrix} = \begin{bmatrix} \cos\theta & \sin\theta \\ -\sin\theta & \cos\theta \end{bmatrix} \begin{bmatrix} x_1 \\ x_2 \end{bmatrix} = Ux \tag{3-27}$$

式中，U 为旋转变换矩阵，为正交矩阵。

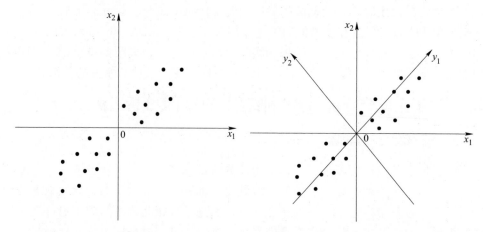

图 3-5　x_1 和 x_2 坐标系下样本点分布　　　图 3-6　y_1 和 y_2 坐标系下样本点分布

主成分分析的数学理论为：

假设样本的原变量有 m 个，记为 $\boldsymbol{X}_1$，$\boldsymbol{X}_2$，$\cdots$，$\boldsymbol{X}_m$，经主成分分析将它们降维成 q 个变量（$q<m$）；样本容量为 n，$\boldsymbol{X}_i = (x_{i1}, \cdots, x_{im})$ 表示第 i 个记录的 m 个变量的取值。

（1）由于油样检测的各个指标的量纲不同，为了消除指标间量纲带来的影响，首先要标准化这些原数据量，将其平均值化为 0，方差化为 1。标准化公式为：

$$x_{ij}^* = \frac{x_{ij} - \bar{x}_j}{\sqrt{\mathrm{var}(x_j)}} \tag{3-28}$$

式中，$\bar{x}_j$ 和 $\sqrt{\mathrm{var}(x_j)}$ 分别为第 j 个变量的平均值和标准差；$i = 1$，2，$\cdots$，n；$j = 1$，2，$\cdots$，m。

然后求出相关系数矩阵 $\boldsymbol{R}$，其中

$$r_{ij} = \frac{1}{n-1} \sum_{k=1}^{n} x_{ki}^* x_{kj}^* \quad (i = 1, \cdots, m; \ j = 1, \cdots, m; \ k = 1, \cdots, n) \tag{3-29}$$

得到相关系数矩阵为：$\boldsymbol{R} = (r_{ij})$。

（2）求出相关系数矩阵 $\boldsymbol{R}$ 的所有非零特征根，如 $\lambda_1 \geqslant \lambda_2 \geqslant \cdots \geqslant \lambda_q$，剩余的 $m-q$ 个特征根值为 0。

（3）选择主成分的个数。主成分个数的选择方法有 3 种：

1）通过方差贡献率 α，即希望得到全部信息的比例。要求输出能够反映全部信息的 $100\alpha\%$ 的主成分。由累计方差贡献率求出主成分的个数 $s(s < m)$。

s 满足：
$$\frac{\sum\limits_{i=1}^{s} \lambda_i}{\sum\limits_{i=1}^{m} \lambda_i} \geqslant \alpha \quad (0 < \alpha < 1) \tag{3-30}$$

2）设定特征值满足的条件或直接给出需要的主成分的个数 s。

3）利用 SPSS 软件绘出碎石图，根据碎石图选择合适的主成分个数。

（4）求出对应的 s 个特征根的特征向量 $\boldsymbol{b}_1$，$\boldsymbol{b}_2$，$\cdots$，$\boldsymbol{b}_s$，并将其逐一进行单位化，即：

$$\boldsymbol{a}_i = \frac{\boldsymbol{b}_i}{|\boldsymbol{b}_i|} = (a_{i1},\ a_{i2},\ \cdots,\ a_{im})^{\mathrm{T}} \quad (i = 1,\ \cdots,\ s) \tag{3-31}$$

然后将这 s 个向量以列向量的形式组合成主成分的载荷矩阵，记作 $\boldsymbol{A}$：

$$\boldsymbol{A} = [\boldsymbol{a}_1,\ \boldsymbol{a}_2,\ \cdots,\ \boldsymbol{a}_s] = \begin{bmatrix} a_{11} & a_{21} & \cdots & a_{s1} \\ a_{12} & a_{22} & \cdots & a_{s2} \\ \vdots & \vdots & & \vdots \\ a_{1m} & a_{2m} & \cdots & a_{sm} \end{bmatrix} \tag{3-32}$$

（5）计算主成分变量的值。主成分的表达式为：

$$\boldsymbol{y}_i = a_{i1}\boldsymbol{x}_1 + a_{i2}\boldsymbol{x}_2 + \cdots + a_{ip}\boldsymbol{x}_p \quad (i = 1,\ \cdots,\ s) \tag{3-33}$$

3.2.2 BP 神经网络理论

在大数据时代背景下，油液检测数据朝着复杂化、多元化方向发展，各种信息相互联系，彼此影响，想要在众多检测参数中寻找到有用的特征参数变得更加困难，进而对数据处理能力提出了挑战。

为了加强数据处理能力，解放人类大脑，使机器可以像人脑一样实现记忆、学习等功能，达到人工智能，在大量学者的努力下，出现了一种可以模仿大脑思考方式的神经网络算法。神经网络是由许许多多神经元相互连接而成，可以用来建立输入输出之间具有复杂的、非线性的映射关系，同时具有高度的并行处理能力、自我学习能力和联想记忆能力。学习能力就是神经网络可以经过样本的训练学习而具有某一种特定的功能，从而根据输入决定自己应该的输出结果。记忆能力为神经网络对外界输入信息的概括能力，即使信息少量丢失或网络组织局部有缺陷，仍然能够实现大脑的记忆功能；联想能力为对信息的归纳、演绎分析和判断功能。

神经网络模型的特征主要由网络的拓扑结构、神经元的特性函数和学习算法等因素决定。神经网络模型的类型有前向网络、反馈网络和自组织网络。现在流行的网络模型有感知器、BP 网络、线性网络、自组织网络，等等。

BP 神经网络又称作误差反向传播神经网络，是应用最为广泛的神经网络方法。如图 3-7 所示为 BP 神经网络中一个神经元的结构图，图 3-8 给出了 BP 神经网络的拓扑结构。从结构图可知，BP 网络是多层网络，每层之间的节点大多数情况都相互连接，但同一层节点之间则保持相互独立，不会相互连接。BP 算法由数据的正向传播和误差的反向传播两个过程组成。输入层的作用是接受外界数据的输入，同时将其传输给中间层；中间层的作用是将传来的数据进行分析转换，一般可根据不同的实际需要设计出不同结构，如单隐层或多隐层；在传到输出层前，网络完成一次正向学习传播过程；最后由输出层将数据处理结果传递到外界。当实际输出与预期输出不符时，进入误差的反向传播阶段。误差经过输出层，按误差梯度下降的方式修正各层连接权值，向隐层、输入层逐层反传。反复的正向和反向传播不仅是各层权值不断调整的过程，也是神经网络学习训练的过程；一旦输出的误差达到预先设定的值时，网络训练将结束。

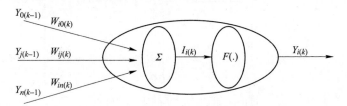

图 3-7　神经元结构

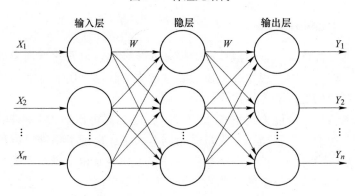

图 3-8　3 层 BP 神经网络拓扑结构

　　BP 神经网络的算法流程如图 3-9 所示。从图可知，首先将一定规模的学习训练样本输入到网络中，网络会对输入量和输出量进行归一化；然后，输入设定好的参数值，如最大训练次数、学习精度、隐层节点数、连接权值、阈值、初始学习速率等；最后，进行网络学习训练，计算每层神经元的输入、输出值，不断调整、修正各神经元的权值和阈值，直到输出值符合目标输出为止，完成网络的训练。

3.2.2.1　BP 神经网络算法的前向计算

　　将神经网络输入的每个元素作为第 i 层（输入层）节点的输入，该层节点的输出值 O_i 与其输入值 I_i 相等，为：

$$O_i = I_i \tag{3-34}$$

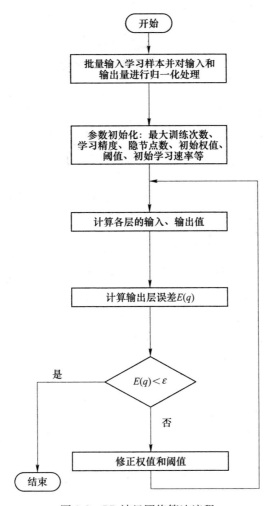

图 3-9 BP 神经网络算法流程

网络第 j 层（隐层）节点的输入值为：

$$net_j = \sum_i W_{ji}O_i + \theta_j \qquad (3-35)$$

式中　W_{ji}——隐层节点 j 与输入层节点 i 之间的连接权值；

θ_j——隐层节点 j 的阈值。

该隐层节点的输出值为：

$$O_j = f(net_j) \qquad (3-36)$$

式中　f——该节点的激励函数。

激励函数取单调递增的 sigmoid 函数：

$$O_i = \frac{1}{1 + \exp\left[(net_j + \theta_j)/\theta_0\right]} \qquad (3-37)$$

网络的第 k 层（输出层）节点的输入值为：

$$net_j = \sum_j W_{kj}O_j + \theta_k \tag{3-38}$$

该节点的输出值为：

$$O_k = f(net_k) \tag{3-39}$$

式中　f——线性激励函数。

3.2.2.2　BP 神经网络算法的误差反向传播计算

误差反向传播计算就是根据网络输出与训练样本输出之间的误差，用计算法向着减小误差的方向调节网络连接权值的过程。

对于输出层与隐层之间，连接权值公式为：

$$\Delta W_{kj}(n+1) = \eta\delta_k O_j + \alpha\Delta W_{kj}(n) \tag{3-40}$$

即

$$W_{kj}(n+1) = \eta\delta_k O_j + W_{kj}(n) + \alpha\left[W_{kj}(n) - W_{kj}(n-1)\right] \tag{3-41}$$

$$\delta_k = f'(net_k)(t_k - O_k) = O_k(t_k - O_k)(1 - O_k) \tag{3-42}$$

式中　t_k——标准模式输出值。

对于隐层与输入层之间，连接权值调节公式为：

$$\Delta W_{ji}(n+1) = \eta\delta_j O_i + \alpha\Delta W_{ji}(n) \tag{3-43}$$

即

$$W_{ji}(n+1) = \eta\delta_j O_i + W_{ji}(n) + \alpha\left[W_{ji}(n) - W_{ji}(n-1)\right] \tag{3-44}$$

$$\delta_j = f'(net_j)\sum_k(\delta_k W_{kj}) = O_j(1 - O_k)\sum_k(\delta_k W_{kj}) \tag{3-45}$$

式中　$n+1$——第 $n+1$ 次迭代；

　　　α——动量因子，可影响网络的收敛速度，适当的 α 值会有利于网络的收敛；

　　　η——步长，又名权值增益因子，可用于调节网络的稳定性。

3.2.3　主成分与 BP 神经网络油液分析方法应用

将主成分与神经网络相融合应用于油液分析中，目的是先用主成分分析去除原始变量中部分冗余信息，以降低数据维数，得到主成分；然后以主成分作为神经网络的输入，减少网络的输入节点。

本应用实例的数据样本来源于阳煤二矿左运输齿轮箱部分油液的检测结果，检测齿轮油型号为 L-CKD320。检测指标主要通过光谱分析其各个金属元素的含量变化，铁谱分析其磨损微粒大小及浓度含量的变化，理化分析其水分含量变化、酸值变化、黏度变化等物理化学指标的变化情况。现从众多的检测指标中抽取其中的六项作为本实例的原始变量输入，分别为：Fe($\times 10^{-6}$)，Cu($\times 10^{-6}$)，大、小磨粒读数 D_L、D_S（此值为一个比值，无单位）以及水分（μg/mL）和酸值（mg KOH/mL）；输出变量为油液的污染程度，将其分为正常、注意、警告和危险 4 个级别。表 3-7 列出了其中的 11 组原始检测数据。油液污染等级主要以工业齿轮油国标 GB 5903—2011 以及现场使用经验作为划分的依据，表 3-8 列出了各指标划分的阈值。

表 3-7　油样原始数据

元素质量分数		铁谱检测结果		理化指标		污染程度	代码
Fe	Cu	D_L	D_S	水分	酸值		
2	1	0.2	0.1	69	0.18	正常	0001
69	8	44.3	39	118	0.25	注意	0010
100	21	179.3	158.7	182	0.27	警告	0100
122	35	210.1	203.5	208	0.29	危险	1000
3	5	0.5	0.3	75	0.17	正常	0001
72	4	75.2	73.5	125	0.21	注意	0010
82	27	114.5	106.9	169	0.23	警告	0100
125	33	208.7	197.9	203	0.3	危险	1000
4	2	0.7	0.4	60	0.15	正常	0001
75	8	65.5	61.2	116	0.21	注意	0010
93	25	153.2	137.3	175	0.23	警告	0100

表 3-8　阈值表

元素	正常	注意	警告	危险
Fe	0~50	50~80	80~100	100 以上
Cu	0~5	5~20	20~30	30 以上
D_L、D_S	0~40	40~100	100~200	200 以上
水分	0~100	100~150	150~200	200 以上
酸值	0~0.18	0.18~0.23	0.23~0.28	0.28 以上

3.2.3.1　主成分分析

利用 SPSS 中主成分分析的功能对表 3-7 中数据进行分析与主成分的提取。相关系数采用 Pearson，经显著性检验表明变量间具有显著的线性相关关系。如图 3-10 所示，Bartlett 球形检验显著性水平值（Sig. 值）小于 0.05；KMO 统计量的值为 0.785(>0.5)，表明原始变量适合提取主成分。

KMO和Bartlett的检验

取样足够的Kaiser-Meyer-Olkin度量		0.785
Bartlett的球形度检验	近似卡方	120.114
	df	15
	Sig.	0.000

图 3-10　KMO 和 Bartlett 检验

从图 3-11 碎石图可以看出，成分 1 与其他成分特征值的差距比较大，可以初步得出提取第一个成分能概括绝大部分信息。

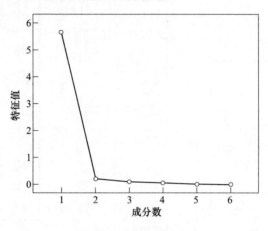

图 3-11　碎石图

表 3-9 为各成分方差贡献率及累积贡献率。从表可知，前 1 个成分可以解释原始数据所含 94.254% 的信息，与碎石图显示的结果吻合，故提取前 1 个为主成分，记为 Y_1，其与原始变量之间的关系表达式为：

$$Y_1 = 0.406X_1 + 0.397X_2 + 0.416X_3 + 0.416X_4 + 0.418X_5 + 0.397X_6$$

表 3-9　解释的总方差

成分	初始特征值			提取平方和载入		
	合计	方差的%	累积的%	合计	方差的%	累积的%
1	5.655	94.254	94.254	5.655	94.254	94.254
2	0.201	3.342	97.596			
3	0.086	1.431	99.027			
4	0.048	0.793	99.820			
5	0.010	0.160	99.980			
6	0.001	0.020	100.000			

3.2.3.2 BP 神经网络的构建、训练与预测

由主成分提取可知，神经网络的输入为 Y_1，故输入层一共含有 1 个神经元；为便于分析，将输出的污染等级分别用四位二进制代码代替，正常为 0001，注意为 0010，警告为 0100，危险为 1000，故输出层有 4 个神经元；隐层神经元个数的选择采用经验值以及反复训练的结果确定，最终选取 6 个神经元。参数设定：最大训练次数为 1000，期望误差设为 0.001。

最后调用 MATLAB 程序进行 BP 神经网络的训练与预测，训练样本为前 8 组检测数据，预测样本为后 3 组数据。由于数据的量纲不同，首先对所有数据进行归一化处理，其次建立网络并设定相应参数，然后训练网络和样本预测，最后将预测值反归一化为实际值输出并保存。预测结果见表 3-10。

表 3-10 预测结果

期望输出	预测结果	相对误差/%
0001	0.0195、0.0172、0.0271、1.0250	2.5
0010	−0.0201、−0.1026、1.0540、0.1268	5.4
0100	0.0746、1.0627、−0.0556、0.3964	6.2

预测样本的实际输出和预期输出的相对误差都控制在 7% 以下，说明经主成分提取后采用神经网络模型识别具有较高的预测精度，此方法可为平台将来数据分析与故障预测提供技术指导。

3.3 小结

（1）采用偏最小二乘回归模型，建立了一种新型的齿轮故障诊断方法。该方法充分利用了齿轮箱油液中铁元素含量与油液理化指标黏度、酸值和水分之间的联系，计算方法简便，易于实际应用。在满来梁煤矿中连续跟踪取样的实验结果表明，偏最小二乘回归模型对采煤机齿轮箱润滑油中铁元素的含量具有很好的预测精度，可以通过该模型对采煤机齿轮箱油液中铁元素的含量进行预测，进而预测齿轮的故障。

（2）在大数据背景下，检测数据趋于复杂化、多样化，为从众多信息中挖掘到有用信息，利用主成分分析法对数据进行处理，从而发掘数据间的相关关系，同时达到数据降维的目的，为进一步的数据处理做准备。利用 BP 神经网络，对设备磨损及故障诊断进行学习与自动识别。

4 滑动轴承磨损磨粒浓度预测

本章主要介绍指数平滑、灰色预测、LS-SVM 及 IOWGA 的相关理论算法，并将其预测算法应用于转子试验台润滑系统中滑动轴承磨损磨粒浓度趋势预测；同时，比较了各预测模型的优劣，实现了根据已有的滑动轴承磨粒浓度数据预测其未来发展变化的趋势，为转子系统滑动轴承故障诊断提供了保障。

4.1 预测理论

预测是指在收集大量过去与现有信息的基础上寻求事物发展的客观规律，运用科学的方法和客观规律对未来事情发展状况进行评估，以期获得事情发展的过程与结果。预测过程大体上可用图 4-1 来表示。

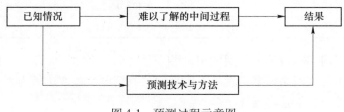

图 4-1 预测过程示意图

4.1.1 预测的基本原则

预测一般遵循以下 3 个基本原则：

（1）连贯性原则。预测的过程往往表现出一种"惯性现象"，运用预测对象过去和现在规律性状态预测其未来的发展状态。

（2）相关类推原则。根据与预测对象相关因素发展变化情况来类推预测对象的发展规律。

（3）概率性原则。利用科学有效的统计方法，从而获得预测对象发展的必然规律。

4.1.2 预测的基本步骤

（1）明确预测目的，制定预测计划。

（2）收集、整理资料数据。

（3）选择预测方法。

（4）建立预测模型。

（5）评价模型。

（6）利用预测模型进行预测。

（7）分析预测结果。

4.2　试验

4.2.1　转子试验台

根据扭矩激励下转子系统滑动轴承磨损试验研究，选用图 4-2 所示的转子试验台。转子试验台由 Y180M-2 型号电动机、弹性柱销联轴器、转轴（40Cr）、圆盘、滑动轴承（ZQSn6-6-3）、GYL-9B004 型二维载荷传感器、CZ-10 磁粉制动器、ORT-803 扭矩转速传感器及轴承支座组成。

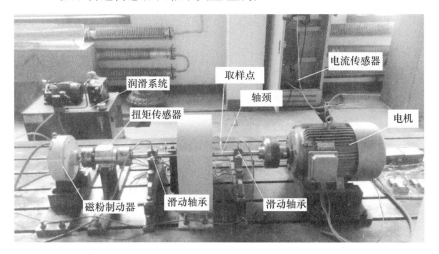

图 4-2　转子系统滑动轴承试验台

转子试验台采用单跨—双圆盘设计，通过弹性柱销联轴器将转轴与电动机连接，转轴左右端轴承支撑处均采用滑动轴承，转轴左右端轴承支承处与滑动轴承之间安装二维载荷传感器，再通过弹性柱销联轴器将转轴、扭矩转速传感器与磁粉制动器依次连接，转子试验台结构示意图如图 4-3 所示。

由富士 5000G11S 变频器控制电动机的转速、加减速时间、稳定运行时间、启停等操作，安装在电脑上的 PCI-1720 板卡及其软件控制 WLK-3B 控制器上的输出电流。通过程控器输出电流精确地控制磁粉制动器输出扭矩值，研究不同定常扭矩激励下转子系统滑动轴承磨损状态。

转子试验台润滑系统采用齿轮泵压力供油的方式，供油压力为 0.3MPa，润滑系统示意图如图 4-4 所示，润滑系统组成及性能参数见表 4-1。

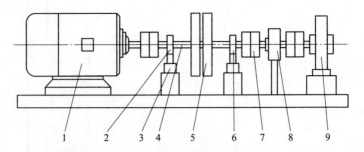

图 4-3 单跨—双圆盘转子试验台结构示意图

1—电动机；2—滑动轴承 A；3—轴承负荷传感器；4—转轴；5—轮盘；
6—滑动轴承 B；7—联轴器；8—扭矩传感器；9—磁粉制动器

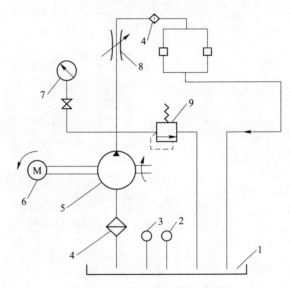

图 4-4 转子系统润滑示意图

1—油箱；2—液位计；3—温度计；4—过滤器；5—液压泵；6—电机；7—压力表；8—可调节流阀；9—溢流阀

表 4-1 润滑系统组成及性能参数

零部件	型号	性 能 参 数
电机	C01-43B0	功率：0.75kW，转速：1440r/min
液压泵	VPE-F20A-10	无负载容量 L/min（1800r/min）：20 最高转速：1800r/min，最低转速：800r/min 压力调整范围 kgf/cm^2：8~18（1kgf=9.80665N）
滤油网	MF-02	过滤精度：100μm
换向阀	DSG-02-3C60-A2-N	最大使用压力：25MPa 最大流量：60L/min
风冷却器	AH-0608T	额定流量：60L/min
压力表	AT-63	量程：0~1MPa

4.2.2 取样

通过分析待测油样中的滑动轴承磨损磨粒监测转子系统的运转状况，油样是铁谱技术获得转子系统滑动轴承磨损状态和故障信息的唯一来源，所以提取油样是铁谱技术分析滑动轴承磨损的一项非常重要的工作。

在自主搭建的转子试验台上进行扭矩激励下转子系统滑动轴承磨损试验，经计算选取昆仑天迅 L-TSA32 汽轮机油作为润滑油液，如图 4-5 所示。

图 4-5　L-TSA32 汽轮机油

为了使提取的待测油样能携带尽可能多的有关转子系统滑动轴承磨损状态和故障诊断的磨粒信息，必须对转子系统的取样位置和取样方法进行仔细的分析和研究。

4.2.2.1 取样位置

一般情况下，在转子系统中常用的两个取样位置为润滑油箱和润滑油回油管路，且取样点必须选在油路中过滤器之前能够流经转子系统滑动轴承摩擦副磨损表面的位置。

在转子系统润滑油箱中进行取样是一种静态取样方法，取样点如图 4-6 所示。在重力作用下，磨损磨粒具有自然沉积效应，可能影响铁谱分析结果，所以在润滑油箱中取样应尽可能在转子系统运转时进行取样，减少磨粒沉积对分析结果的影响。取样时，打开润滑油箱盖，利用专用的取样器进行取样。

在润滑油箱中进行取样只能分析油箱中磨损磨粒的状态，即转子系统全部摩擦副磨损状态，不能准确地反映出滑动轴承的磨损状况。

图 4-6 油箱取样点

在转子系统润滑油回油管路上进行取样是一种动态取样方法，取样点如图 4-7 所示。转子试验台润滑系统出油管路中安装着过滤器，不适合进行取样，而回油管路处于润滑油流经转子系统滑动轴承摩擦副的位置，且在过滤器之前，符合取样点位置的选择。取样时，打开输油管放掉一部分润滑油到废油瓶中，去掉上一次取样时残留在取样点到取样开关之间的油液，再直接打开取样开关采集油样。

该试验需要对转子系统滑动轴承摩擦副磨损进行单独分析，因此分别对两个滑动轴承摩擦副进行取样分析，在润滑油回油管路上进行取样能够准确反映滑动轴承的磨损状况。

综上所述，本章选取如图 4-7 所示润滑油回油管路中的取样点作为转子系统滑动轴承磨损试验的取样点。

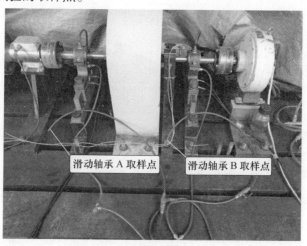

图 4-7 回油管路取样点

4.2.2.2 取样时间

本试验以转子系统滑动轴承为研究对象，初始滑动轴承磨损处于磨合期，磨损量比较大，取样时间间隔可适当地短一点，本试验每5h在润滑系统回油管路中提取一次油样。随着转子试验的进行，观察铁谱片上滑动轴承磨粒的分布情况，磨粒分布稀疏，适当地延长取样间隔时间，本试验确定每20h在润滑系统回油管路中提取一次油样。

4.2.3 分析式铁谱仪

铁谱技术是一种利用高梯度磁场作用分离磨损磨粒与油液，并将磨粒按照一定的排列规则依次沉积在玻璃基片上，以便在显微镜下观测磨粒而研制出来的新技术。目前，采用铁谱技术对转子系统滑动轴承磨损状态进行分析与识别主要包括以下几方面：

（1）根据谱片上主要磨粒的尺寸、颜色和表面形貌等特征判断转子系统滑动轴承磨损阶段、磨损类别；

（2）根据滑动轴承磨损量（即磨损曲线）定量分析滑动轴承磨损程度；

（3）根据滑动轴承磨损严重性分析滑动轴承磨损发生的剧烈程度。

本章使用的是FTP-X2型分析式铁谱仪系统，它主要由制谱仪、L2020透反射（双色）铁谱显微镜、铁谱读数器3部分组成，如图4-8所示。

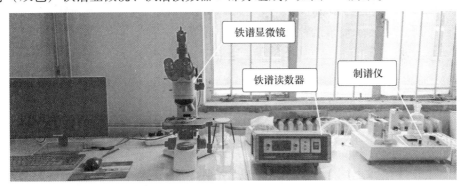

图 4-8　FTP-X2型分析式铁谱仪系统

分析式铁谱仪利用高梯度磁场把滑动轴承磨损磨粒从润滑油中分离、沉积在玻璃基片上，其工作原理简图如图4-9所示。

4.2.4 滑动轴承磨损量

滑动轴承磨损量是滑动轴承磨损研究中的一个重要指标参数。滑动轴承磨损量有着很多不同的表示和测量方法，需要根据滑动轴承材料以及滑动轴承磨损试验方法来选取一种比较合适的测量方法。在转子系统滑动轴承磨损试验中，滑动轴承磨损量常用的测量方法主要包括称重法、测长法、放射性同位素法、沉淀法或化学分析法（铁谱法或光谱法）、轮廓仪法、位移传感器法等。

根据实验室实际情况和试验要求，选取称重法和沉淀法测量转子系统滑动轴承磨损量。在定常扭矩激励下转子系统滑动轴承磨损磨粒浓度预测试验中，首先，利用电子分析天平多次称取空白铁谱片的质量，取其平均值作为空白铁谱片的质量，再应用制谱仪把润滑油中的磨损磨粒沉积在铁谱片上，最后利用电子分析天平多次秤取铁谱片的质量，取其平均

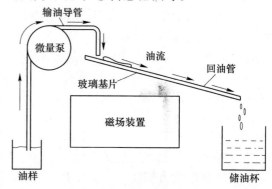

图 4-9　分析式铁谱仪工作原理

值作为含有磨损磨粒铁谱片的质量，前后两次铁谱片的质量差即为 3mL 润滑油中滑动轴承磨损量，可得转子系统滑动轴承磨损磨粒浓度，如图 4-10 所示。

在扭矩激励下转子系统滑动轴承磨损寿命试验中，首先，试验之前利用电子分析天平多次称取初始滑动轴承的质量，取其平均值作为初始滑动轴承的质量；安装滑动轴承进行磨损试验，试验后拆下滑动轴承，用石油醚和酒精依次清洗滑动轴承上的残油，待滑动轴承表面晾干后，再利用电子分析天平多次称取试验后滑动轴承质量，如图 4-11 所示；取其平均值作为磨损试验后滑动轴承的质量，将前后两次滑动轴承质量的差值作为滑动轴承磨损量。

图 4-10　滑动轴承磨损磨粒浓度计算方法

图 4-11　滑动轴承磨损量计算方法

4.3 预测方法的选择

通过分析和比较常用的单项预测方法，选取指数平滑法、灰色预测方法、LS-SVM 预测法以及基于 IOWGA 算子的组合预测方法作为基于扭矩激励下转子系统滑动轴承磨损磨粒浓度预测的预测模型。

4.3.1 指数平滑法

4.3.1.1 一次指数平滑法

假定时间数据序列为 $\{(t_1, X_1), (t_2, X_2), (t_3, X_3), \cdots, (t_n, X_n)\}$，一次指数平滑值为 $S_1^{(1)}$，$S_2^{(1)}$，$S_3^{(1)}$，$\cdots$，$S_n^{(1)}$，则一次指数平滑公式为：

$$S_t^{(1)} = \alpha X_{t-1} + (1 - \alpha) S_{t-1}^{(1)} \tag{4-1}$$

式中　$S_t^{(1)}$——第 t 期的一次指数平滑值；

　　　X_{t-1}——第 $t-1$ 期的观测值；

　　　α——指数平滑的系数，满足 $0 < \alpha < 1$；

　　　$S_{t-1}^{(1)}$——第 $t-1$ 期的一次指数平滑值。

经过迭代整理得：

$$S_{t+1}^{(1)} = \alpha X_t + \alpha(1 - \alpha) X_{t-1} + \cdots + \alpha(1 - \alpha)^{t-1} X_1 + \alpha(1 - \alpha)^t S_0^{(1)} \tag{4-2}$$

4.3.1.2 二次指数平滑法

二次指数平滑法是作两次指数平滑，利用两次指数平滑值进行预测，二次指数平滑法的公式为：

$$S_t^{(2)} = \alpha S_t^{(1)} + (1 - \alpha) S_{t-1}^{(2)} \tag{4-3}$$

式中　$S_t^{(2)}$——第 t 期的二次指数平滑值；

　　　$S_t^{(1)}$——第 t 期的一次指数平滑值；

　　　$S_{t-1}^{(2)}$——第 $t-1$ 期的二次指数平滑值；

　　　α——指数平滑系数，满足 $0 \leq \alpha \leq 1$。

预测模型可由式（4-4）表示：

$$Y_{t+T} = a_t + b_t T \tag{4-4}$$

式中　Y_{t+T}——第 $t+T$ 期的预测值；

　　　T——期数。

a_t、b_t 的计算公式为：

$$a_t = 2S_t^{(1)} - S_t^{(2)}$$
$$b_t = \frac{\alpha}{1 - \alpha}(S_t^{(1)} - S_t^{(2)}) \tag{4-5}$$

4.3.1.3　三次指数平滑法

三次指数平滑法是做三次指数平滑，使用三次指数平滑值进行预测，三次指数平滑法的公式为：

$$S_t^{(3)} = \alpha S_t^{(2)} + (1 - \alpha) S_{t-1}^{(3)} \tag{4-6}$$

式中　$S_t^{(3)}$ ——第 t 期的三次指数平滑值；

　　　$S_t^{(2)}$ ——第 t 期的二次指数平滑值；

　　　$S_{t-1}^{(3)}$ ——第 $t-1$ 期的三次指数平滑值；

　　　α ——指数平滑系数，满足 $0 \leqslant \alpha \leqslant 1$。

预测模型由式（4-7）表示：

$$Y_{t+T} = a_t + b_t T + c_t T^2 \tag{4-7}$$

式中　Y_{t+T} ——第 $t+T$ 期的预测值；

　　　T ——期数。

a_t、b_t、c_t 的计算公式为：

$$a_t = 3S_t^{(1)} - 3S_t^{(2)} + S_t^{(3)}$$

$$b_t = \frac{\alpha}{2(1-\alpha)^2}[(6-5\alpha)S_t^{(1)} - 2(5-4\alpha)S_t^{(2)} + (4-3\alpha)S_t^{(3)}]$$

$$c_t = \frac{\alpha}{2(1-\alpha)^2}[S_t^{(1)} - 2S_t^{(2)} + S_t^{(3)}] \tag{4-8}$$

4.3.2　灰色预测方法

灰色预测方法是通过识别系统因素的发展趋势来预测事物未来发展趋势。GM(1, 1) 模型是一种动态的灰色预测模型，主要是通过整理历史原始数据，寻找事物客观发展的规律，在原始数据基础上生成新的数据序列，通过建立一阶微分方程模型来拟合或预测系统中主导因素的特征值，从而描述该主导因素的发展趋势。

设有原始数据数列 $x^0 = \{x^0(1), x^0(2), x^0(3), \cdots, x^0(n)\}$，进行一次累加生成运算，即令 $x^1(k) = \sum_{i=1}^{k} x^0(i)$，$k = 1, 2, \cdots, n$，从而生成新的数列 $x^1 = \{x^1(1), x^1(2), x^1(3), \cdots, x^1(n)\}$，数列 x^1 基本满足指数分布规律，其数学方程形式为：

$$\frac{\mathrm{d}x^1}{\mathrm{d}t} + ax^1 = b \tag{4-9}$$

式中　a, b ——模型的辨识参数。

估算辨识参数 a、b，离散化处理式（4-9）得：

$$Y = B\alpha \tag{4-10}$$

$$B = \begin{bmatrix} -\dfrac{1}{2}[x^1(1) + x^1(2)] & 1 \\ -\dfrac{1}{2}[x^1(2) + x^1(3)] & 1 \\ \vdots & \vdots \\ -\dfrac{1}{2}[x^1(n-1) + x^1(n)] & 1 \end{bmatrix}, \quad Y = \begin{bmatrix} x^0(2) \\ x^0(3) \\ \vdots \\ x^0(n) \end{bmatrix}, \quad \alpha = \begin{bmatrix} a \\ b \end{bmatrix} \tag{4-11}$$

利用最小二乘估算方法求解式（4-10）得：

$$\alpha = (B^{\mathrm{T}}B)^{-1}B^{\mathrm{T}}Y \tag{4-12}$$

将辨识参数 a、b 带入式（4-9）求解 GM(1, 1) 模型为：

$$\hat{x}^1(k+1) = \left[x^0(1) - \frac{b}{a} \right] \mathrm{e}^{-ak} + \frac{b}{a} \tag{4-13}$$

数据序列 $\hat{x}^1(k+1)$ 累减得到 $\hat{x}^0(k+1)$ 预测模型：

$$\hat{x}^0(k+1) = \hat{x}^1(k+1) - \hat{x}^1(k) = \left[x^0(1) - \frac{b}{a} \right] \left[1 - \mathrm{e}^a \right] \mathrm{e}^{-ak} \tag{4-14}$$

4.3.3 LS-SVM 预测方法

Suykens 提出的 LS-SVM 预测方法，解决了标准 SVM 目标函数存在的稀疏性、鲁棒性和大规模运算问题。

Suykens 运用式（4-15）的函数对未知函数进行估算：

$$y(x) = \omega^{\mathrm{T}}\varphi(x) + b \tag{4-15}$$

式中，$x \in R^n$，$y \in R$，非线性函数 $\varphi(\cdot)$：$R^n \to R^{n_A}$ 将输入空间映射到高维特征空间。

假设训练数据集为 $\{x_k, y_k\}_{k=1}^N$，LS-SVM 优化问题：

$$\min_{\omega, b, \varepsilon} J(\omega, \varepsilon) = \frac{1}{2}\omega^{\mathrm{T}}\omega + \gamma \frac{1}{2}\sum_{k=1}^N \varepsilon_k^2 \gamma > 0 \tag{4-16}$$

满足约束条件：

$$y_k = \omega^{\mathrm{T}}\varphi(x_k) + b + \varepsilon_k, \quad k = 1, 2, \cdots, N \tag{4-17}$$

定义 Lagrange 函数：

$$L(\omega, b, \varepsilon, \alpha) = J(\omega, \varepsilon) - \sum_{k=1}^N \alpha_k [\varphi(x_k) + b + \varepsilon_k - y_k] \tag{4-18}$$

式中　α_k——Lagrange 函数的乘子。

求解 $L(\omega, b, \varepsilon, \alpha)$ 分别对 ω、b、ε、α 的偏微分，得到式（4-19）的最优条件：

$$\begin{cases} \dfrac{\partial L}{\partial \omega} = 0 \rightarrow \omega = \sum_{k=1}^{N} \alpha_k \varphi(x_k) \\[2mm] \dfrac{\partial L}{\partial b} = 0 \rightarrow \sum_{k=1}^{N} \alpha_k = 0 \\[2mm] \dfrac{\partial L}{\partial \varepsilon_k} = 0 \rightarrow \alpha_k = \gamma \varepsilon_k \\[2mm] \dfrac{\partial L}{\partial \alpha_k} = 0 \rightarrow \omega^{\mathrm{T}} \varphi(x_k) + b + \varepsilon_k - y_k = 0 \end{cases} \qquad k = 1,2,\cdots,N \qquad (4\text{-}19)$$

将式（4-19）的 ε_k 和 ω 分别用 α_k 和 b 表示：

$$\begin{pmatrix} 0 & \vec{1}^{\mathrm{T}} \\ \vec{1} & \Omega + \gamma^{-1}I \end{pmatrix} \cdot \begin{pmatrix} b \\ \alpha \end{pmatrix} = \begin{pmatrix} 0 \\ y \end{pmatrix} \qquad (4\text{-}20)$$

式（4-20）中 $y = [y_1, \cdots, y_N]^{\mathrm{T}}$，$\vec{1} = [1, \cdots, 1]^{\mathrm{T}}$，$\alpha = [\alpha_1, \cdots, \alpha_N]^{\mathrm{T}}$，$\Omega$ 是一个方阵，其中第 k 行 l 列的元素 $\Omega_{kl} = \varphi(x_k)^{\mathrm{T}} \varphi(x_l) = K(x_k, x_l)$，$k$，$l = 1$，$\cdots$，$N$。

$$\phi = \begin{pmatrix} 0 & \vec{1}^{\mathrm{T}} \\ \vec{1} & \Omega + \gamma^{-1}I \end{pmatrix} \qquad (4\text{-}21)$$

选择参数 $\gamma > 0$，保证矩阵 ϕ 可逆，得到求解参数 α 和 b 的解析表达式：

$$\begin{pmatrix} b \\ \alpha \end{pmatrix} = \boldsymbol{\phi}^{-1} \begin{pmatrix} 0 \\ y \end{pmatrix} \qquad (4\text{-}22)$$

将式（4-22）代入式（4-19），求出 ω，可得到训练数据集的非线性逼近：

$$y(x) = \sum_{k=1}^{N} \alpha_k K(x, x_k) + b \qquad (4\text{-}23)$$

式中　$K(x, x_k)$——满足 Mercer 条件核函数。

4.3.4　基于 IOWGA 算子的组合预测模型

针对组合预测方法存在加权的缺陷，在诱导有序加权平均 IOWA 算子（induced ordered weighted averaging operator）的基础上，提出了诱导有序几何加权平均 IOWGA 算子。

4.3.4.1　OWGA 算子和 IOWGA 算子的定义

设 $OWGA_W: R^{+n} \rightarrow R^+$ 为元函数，$W = (\omega_1, \omega_2, \cdots, \omega_n)^{\mathrm{T}}$ 是与 $OWGA_W$ 相关的加权向量，满足以下条件 $\sum_{i=1}^{n} \omega_i = 1$，$\omega_i \geqslant 0$，$i = 1, 2, \cdots, n$，若

$$OWGA_W(a_1, a_2, \cdots, a_n) = \prod_{i=1}^{n} b_i^{\omega_i} \qquad (4-24)$$

式中，数列 a_1，a_2，$\cdots$，a_n 按从大到小的顺序排列；b_i 是其第 i 个大的数；$OWGA_W$ 是 n 维 OWGA 算子。

式（4-24）表明，$OWGA_W$ 算子首先对数列 a_1，a_2，$\cdots$，a_n 按从大到小的顺序排列，然后进行有序加权几何平均，其加权系数 ω_i 与数据 a_i 的大小无关，而是与 a_1，a_2，$\cdots$，a_n 按从大到小的顺序排列的第 i 个位置的数 b_i 有关。

设（$\langle u_1, a_1 \rangle$，$\langle u_2, a_2 \rangle$，$\cdots$，$\langle u_n, a_n \rangle$）为 n 个二维数组，令：

$$IOWGA_W(\langle u_1, a_1 \rangle, \langle u_2, a_2 \rangle, \cdots, \langle u_n, a_n \rangle) = \prod_{i=1}^{n} a_{u-\text{index}(i)}^{\omega_i} \qquad (4-25)$$

则称函数 $IOWGA_W$ 是 n 维 IOWGA 算子，u_i 称为 a_i 的诱导预测值。其中 $u-\text{index}(i)$ 是 u_1，u_2，$\cdots$，u_n 中按从大到小的顺序排列的第 i 个大的数的下标，$W = (\omega_1, \omega_2, \cdots, \omega_n)^T$ 是 $OWGA$ 的加权向量，满足以下条件 $\sum_{i=1}^{n} \omega_i = 1$，$\omega_i \geq 0$，$i = 1$，$2$，$\cdots$，$n$。

式（4-25）表明，IOWGA 算子首先对诱导值 u_1，u_2，$\cdots$，u_n 按从大到小的顺序排列，然后进行有序加权几何平均，其加权系数 ω_i 与数 a_i 的大小和位置无关，而是与其诱导值所在的位置有关。

4.3.4.2 基于 IOWGA 算子的组合预测模型

假设历史数据序列为 $\{x_t, t = 1, 2, \cdots, N\}$，$x_{it}$ 为第 i 种单项预测模型在第 t 时刻的预测值，$i = 1, 2, \cdots, m$；$t = 1, 2, \cdots, N$。设 $l_1, l_2, \cdots, l_m$ 为 m 种单项预测模型的加权系数，且满足 $\sum_{i=1}^{m} l_i = 1$，$l_i \geq 0$，$i = 1, 2, \cdots, m$。令：

$$p_{it} = \begin{cases} 1 - |(x_t - x_{it})/x_t|, & |(x_t - x_{it})/x_t| < 1, \\ 0, & |(x_t - x_{it})/x_t| \geq 1, \end{cases} \quad i = 1, 2, \cdots, m, t = 1, 2, \cdots, N$$

$$(4-26)$$

式中，p_{it} 为第 i 种单项预测方法在第 t 时刻的预测精度，且满足 $p_{it} \in [0, 1]$，预测精度和预测值构成 m 个二维数组（$\langle p_{1t}, x_{1t} \rangle$，$\langle p_{2t}, x_{2t} \rangle$，$\cdots$，$\langle p_{mt}, x_{mt} \rangle$）。

设 $L = (l_1, l_2, \cdots, l_m)^T$ 为单项预测方法在组合预测中的 $OWGA$ 加权向量，将 m 种单项预测方法在第 t 时刻的预测精度序列 p_{1t}，p_{2t}，$\cdots$，p_{mt} 按从大到小的顺序排列，设 $p-\text{index}(it)$ 是第 i 个大的预测精度的下标。

令

$$IOWGA_L(\langle p_{1t}, x_{1t} \rangle, \langle p_{2t}, x_{2t} \rangle, \cdots, \langle p_{mt}, x_{mt} \rangle) = \prod_{i=1}^{n} x_{p-\text{index}(i)}^{l_i} \qquad (4-27)$$

则称式（4-27）为第 t 时刻的 IOWGA 算子的组合预测值。

为了求解方便，选取 IOWGA 算子的组合模型的几何对数误差平方和最小作为求解组合预测模型最优加权系数的优化准则。

令 $e_{a-\text{index}(it)} = \ln x_t - \ln x_{p-\text{index}(it)}$，则组合预测误差平方和 S 为：

$$S = \sum_{t=1}^{N} \left(\ln x_t - \ln \prod_{i=1}^{m} x_{p-\text{index}(it)}^{l_i} \right)^2 = \sum_{t=1}^{N} \left(\ln x_t - \sum_{i=1}^{m} l_i \ln x_{p-\text{index}(it)} \right)^2 \quad (4\text{-}28)$$

$$= \sum_{i=1}^{m} \sum_{j=1}^{m} l_i l_j \left(\sum_{t=1}^{N} e_{a-\text{index}(it)} e_{a-\text{index}(jt)} \right)$$

基于 IOWGA 算子的最优组合预测模型：

$$\min S(L) = \sum_{i=1}^{m} \sum_{j=1}^{m} l_i l_j \left(\sum_{t=1}^{N} e_{a-\text{index}(it)} e_{a-\text{index}(jt)} \right) \quad (4\text{-}29)$$

$$\text{s. t.} \begin{cases} \sum_{i=1}^{m} l_i = 1 \\ l_i \geqslant 0 \end{cases} , \quad i = 1, 2, \cdots, m$$

基于 IOWGA 算子的组合预测模型实际上是一个有关求解二次规划的问题，因此可以利用 Kuhn-Tucker 条件将其转化为线性规划或用 LINGO9. 0 软件来求解组合预测模型的加权系数。

4.3.4.3　预测方法的评估

在实际预测实践活动中，采用不同的预测模型预测同一个对象时，在一般情况下，不同的预测模型通常会得到不同的预测数据结果，且预测精度也会有一定的差别。所以需要建立有效的预测模型评估准则，判断哪种预测模型的预测效果更为准确可靠。

设 x_t 为同一预测对象在第 t 时刻的数据指标序列 $\{x_t, t = 1, 2, \cdots, N\}$，$N$ 表示预测时间，$\hat{x}_t$ 为 x_t 的组合预测值，则以下 5 种预测指标可作为其指标评价体系。

平方和误差 SSE：$SSE = \sum_{t=1}^{n} (x_t - \hat{x}_t)^2$

均方误差 MSE：$MSE = \dfrac{1}{n} \sqrt{\sum_{t=1}^{n} (x_t - \hat{x}_t)^2}$

平均绝对误差 MAE：$MAE = \dfrac{1}{n} \sum_{t=1}^{n} |x_t - \hat{x}_t|$

平均绝对百分比误差 $MAPE$：$MAPE = \dfrac{1}{n} \sum_{t=1}^{n} |(x_t - \hat{x}_t)/x_t|$

均方百分比误差 $MSPE$：$MSPE = \dfrac{1}{n} \sqrt{\sum_{t=1}^{n} |(x_t - \hat{x}_t)/x_t|^2}$

4.4 不同预测方法的试验对比

试验以第二支承处滑动轴承 B 为研究对象（见图 4-3），试验初期滑动轴承可能正处于磨合期，为了减少滑动轴承磨合期对试验数据的影响，将取样时间初步定为 200~500h，取样间隔时间定为 20h。取样后立即制谱分析，通过 FA2004 电子分析天平分别称取制谱前后铁谱片的质量，得到铁谱片上的质量差，从而得到单位体积油样中滑动轴承磨损磨粒浓度值。为了减少实验误差的影响，选取 10 次称重后的平均值作为空白铁谱片和制作谱片后的铁谱片质量。提取 200~400h 的滑动轴承磨损的 10 个磨粒浓度数据作为训练样本，400~500h 滑动轴承磨损的 5 个磨粒浓度数据作为测试样本，定常扭矩激励下转子系统滑动轴承磨粒浓度值见表 4-2。

表 4-2 定常扭矩激励下滑动轴承磨粒浓度真实值

时间/h	磨粒浓度值/mg·mL^{-1}	时间/h	磨粒浓度值/mg·mL^{-1}	时间/h	磨粒浓度值/mg·mL^{-1}
220	0.1200	320	0.3067	420	0.7600
240	0.1467	340	0.3600	440	0.9200
260	0.1733	360	0.4400	460	1.1067
280	0.2000	380	0.5200	480	1.2933
300	0.2533	400	0.6267	500	1.4800

4.4.1 三次指数平滑模型

三次指数平滑法是通过运用三次指数平滑理论处理滑动轴承磨损磨粒浓度数据，求得三次指数平滑的参数，进而建立三次指数平滑预测模型。实例中原始滑动轴承磨粒浓度数据可采用第 220h 的数据作为初始值，考虑到滑动轴承磨粒浓度值在 40N·m 定常扭矩激励作用下增长较快，故选取指数平滑系数 $\alpha = 0.3$，通过 MATLAB 编程预测计算出滑动轴承磨粒浓度结果，见表 4-3。

表 4-3 三次指数平滑拟合结果

时间/h	真实值/mg·mL^{-1}	拟合值/mg·mL^{-1}	精度	时间/h	真实值/mg·mL^{-1}	拟合值/mg·mL^{-1}	精度
220	0.1200	0.1215	0.9875	380	0.5200	0.5032	0.9938
240	0.1467	0.1433	0.9768	400	0.6267	0.6256	0.9982
260	0.1733	0.1719	0.9919	420	0.7600	0.7467	0.9825
280	0.2000	0.2075	0.9625	440	0.9200	0.8898	0.9672
300	0.2533	0.2507	0.9878	460	1.1067	1.0584	0.9564
320	0.3067	0.3024	0.9860	480	1.2933	1.2564	0.9714
340	0.3600	0.3638	0.9894	500	1.4800	1.4881	0.9945
360	0.4400	0.4367	0.9925	—	—	—	—

三次指数平滑拟合结果如图 4-12 所示。

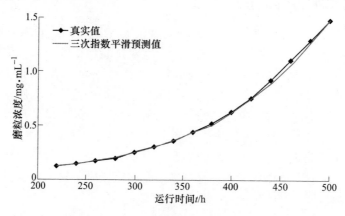

图 4-12　三次指数平滑拟合结果

4.4.2　GM(1, 1) 模型

灰色预测方法具有数据样本量少、计算精度较高、计算简便等特点，适用于滑动轴承磨粒浓度预测。GM(1, 1) 模型是灰色预测方法的核心模型。根据表 4-2 中220~400h 滑动轴承磨损磨粒浓度值数据，利用 MATLAB 软件求得定常扭矩激励下滑动轴承磨损磨粒浓度值的 GM(1, 1) 预测模型为：

$$X(k + 1) = 0.72003e^{0.18284k} - 0.60003 \tag{4-30}$$

$$\alpha = -0.18284, \ \mu = 0.10971 \tag{4-31}$$

根据 GM(1, 1) 预测模型得到定常扭矩激励下转子系统滑动轴承磨损磨粒浓度的预测结果，见表 4-4。

表 4-4　GM(1, 1) 预测拟合结果

时间/h	真实值 /mg · mL^{-1}	拟合值 /mg · mL^{-1}	精度	时间/h	真实值 /mg · mL^{-1}	拟合值 /mg · mL^{-1}	精度
220	0.1200	0.1200	1	380	0.5200	0.5195	0.9990
240	0.1467	0.1445	0.9850	400	0.6267	0.6237	0.9952
260	0.1733	0.1734	0.9994	420	0.7600	0.7489	0.9854
280	0.2000	0.2082	0.9590	440	0.9200	0.8991	0.9773
300	0.2533	0.2500	0.9870	460	1.1067	1.0795	0.9754
320	0.3067	0.3002	0.9788	480	1.2933	1.2961	0.9978
340	0.3600	0.3604	0.9989	500	1.4800	1.5561	0.9486
360	0.4400	0.4327	0.9834	—	—	—	—

GM(1, 1) 拟合结果如图 4-13 所示。

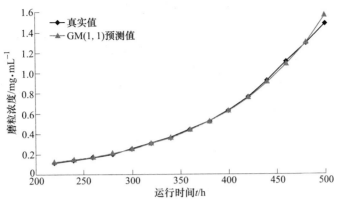

图 4-13 GM（1，1）拟合结果

4.4.3 LS-SVM 模型

LS-SVM 算法应用于滑动轴承磨损磨粒浓度预测分为两个阶段：第一阶段，通过已知滑动轴承磨粒浓度数据样本对 SVM 进行样本训练，找到滑动轴承磨粒浓度数据样本中的支持向量，再根据找到的支持向量建立回归预测模型；第二阶段，运用测试集的滑动轴承磨粒浓度数据样本根据回归预测模型做出下一个滑动轴承浓度数据的预测。根据 LS-SVM 预测模型得到转子系统滑动轴承磨损磨粒浓度的预测结果，见表 4-5。

表 4-5 LS-SVM 预测模型拟合值

时间/h	真实值 /mg · mL^{-1}	拟合值 /mg · mL^{-1}	精度	时间/h	真实值 /mg · mL^{-1}	拟合值 /mg · mL^{-1}	精度
220	0.1200	0.1300	0.9167	380	0.5200	0.5104	0.9854
240	0.1467	0.1567	0.9318	400	0.6267	0.6162	0.9832
260	0.1733	0.1834	0.9417	420	0.7600	0.7700	0.9868
280	0.2000	0.2104	0.9480	440	0.9200	0.9300	0.9891
300	0.2533	0.2634	0.9601	460	1.1067	1.1133	0.9940
320	0.3067	0.3167	0.9674	480	1.2933	1.2833	0.9933
340	0.3600	0.3498	0.9717	500	1.4800	1.4700	0.9932
360	0.4400	0.4298	0.9768	—	—	—	—

LS-SVM 拟合结果如图 4-14 所示。

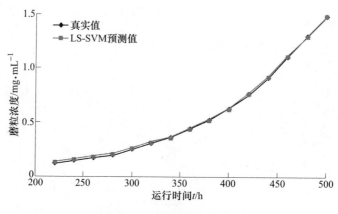

图 4-14　LS-SVM 拟合结果

4.4.4　基于 IOWGA 算子的组合预测模型

计算转子系统滑动轴承磨粒浓度的诱导有序加权几何平均组合预测值为：

$$\hat{x}_1 = IOWGA_L(\langle p_{11}, x_{11}\rangle, \langle p_{21}, x_{21}\rangle, \langle p_{31}, x_{31}\rangle) = 0.12^{l_1} \times 0.1215^{l_2} \times 0.13^{l_3}$$

$$\hat{x}_2 = IOWGA_L(\langle p_{12}, x_{12}\rangle, \langle p_{22}, x_{22}\rangle, \langle p_{32}, x_{32}\rangle) = 0.1445^{l_1} \times 0.1433^{l_2} \times 0.1567^{l_3}$$

$$(4\text{-}32)$$

同理：

$$\hat{x}_t(t = 3, 4, \cdots, 15) \tag{4-33}$$

将基于 IOWGA 算子的组合预测值依次代入式（4-28）得：

$$S(l_1, l_2, l_3) = \sum_{t=1}^{15} (\ln x_t - \ln \hat{x}_t)^2 \tag{4-34}$$

根据 3 种单项预测模型的预测精度值，建立基于 IOWGA 算子的组合预测模型，并利用 LINGO 9.0 软件求得组合预测模型的最优加权系数为：

$$l_1 = 0.8577, \quad l_2 = 0.0439, \quad l_3 = 0.0984 \tag{4-35}$$

将组合预测模型的最优加权系数代入式（4-27），可计算出基于 IOWGA 算子的组合预测值，见表 4-6。

表 4-6　基于 IOWGA 组合预测拟合值

时间/h	真实值 /mg·mL^{-1}	拟合值 /mg·mL^{-1}	精度	时间/h	真实值 /mg·mL^{-1}	拟合值 /mg·mL^{-1}	精度
220	0.1200	0.1210	0.9917	380	0.5200	0.5188	0.9977
240	0.1467	0.1456	0.9925	400	0.6267	0.6246	0.9967
260	0.1733	0.1743	0.9942	420	0.7600	0.7667	0.9912
280	0.2000	0.2078	0.9610	440	0.9200	0.9246	0.9950
300	0.2533	0.2519	0.9945	460	1.1067	1.1063	0.9964
320	0.3067	0.3037	0.9892	480	1.2933	1.2918	0.9988
340	0.3600	0.3595	0.9986	500	1.4800	1.4939	0.9906
360	0.4400	0.4358	0.9904	—	—	—	—

IOWGA 组合预测拟合结果如图 4-15 所示。

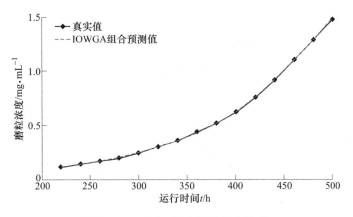

图 4-15　IOWGA 组合预测拟合结果

4.5　预测结果分析

4.5.1　预测结果分析

采用本章中对转子系统滑动轴承磨粒浓度预测的几种方法，预测 420～500h 的磨粒浓度预测值，见表 4-7。

表 4-7　基于 IOWGA 算子的组合预测模型与其他单一预测模型的数据比较

运行时间 /h	真实值 /mg·mL⁻¹	LS-SVM /mg·mL⁻¹	预测精度	GM(1, 1) /mg·mL⁻¹	预测精度	指数平滑 /mg·mL⁻¹	预测精度	IOWGA 组合预测	预测精度
420	0.7600	0.7700	0.9868	0.7489	0.9854	0.7467	0.9825	0.7667	0.9912
440	0.9200	0.9300	0.9891	0.8991	0.9773	0.8898	0.9672	0.9246	0.9950
460	1.1067	1.1133	0.9940	1.0795	0.9754	1.0584	0.9564	1.1063	0.9964
480	1.2933	1.2833	0.9933	1.2961	0.9978	1.2564	0.9714	1.2918	0.9988
500	1.4800	1.4700	0.9932	1.5561	0.9486	1.4881	0.9945	1.4939	0.9906

预测模型预测的滑动轴承 420～500h 的磨粒浓度预测值与真实值的变化趋势如图 4-16 所示。由图 4-16 可知，基于 IOWGA 算子的组合预测模型得到的磨粒浓度预测曲线更接近转子系统润滑油中磨损磨粒的真实值的曲线，取得了非常好的磨损浓度预测结果，由此可见，基于 IOWGA 算子的组合预测模型具有很好的函数逼近能力。

由图 4-16 中磨粒浓度变化曲线可知，4 种预测方法的预测曲线都比较接近转子系统滑动轴承磨粒浓度真实值的曲线，不易判断哪种预测模型的预测效果更佳。从磨粒浓度预测精度方面入手，得到四种预测方法的预测精度曲线，如图 4-17 所示。

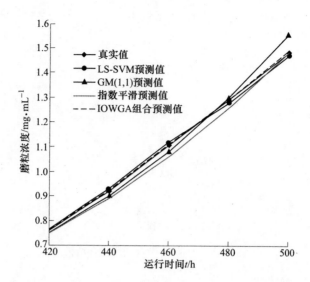

图 4-16   预测模型磨粒浓度预测值与真实值的变化趋势

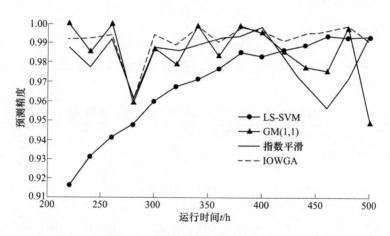

图 4-17   磨粒浓度值预测精度对比

由表 4-3~表 4-6 和图 4-17 可知，基于 IOWGA 算子的组合预测模型的预测精度基本达到了 99%以上，且预测精度比较稳定，比其他 3 种单项预测模型的预测精度都要高，由此说明基于 IOWGA 算子的组合预测模型在预测方面具有很高的准确性；LS-SVM 回归预测模型的预测精度逐渐提高，从 91.67%提高到了 99.40%，预测未来 100h 滑动轴承磨损磨粒浓度值的预测精度高达 98%以上，因此，LS-SVM 回归预测模型的加权系数高达 0.8577；而 GM(1，1) 预测模型、指数平滑法预测滑动轴承未来 100h 磨损磨粒浓度的预测精度大致呈下降的趋势，所以，GM(1，1) 预测模型、指数平滑法的加权系数都比较小，因此基于 IOWGA 算子的组合预测模型的预测效果较为理想。

4.5.2　评价指标体系

按照预测模型的预测效果评价原则，采用 3 项拟合误差指标（MSE、MAE、$MAPE$）作为预测模型的评价指标体系，全面评价 4 种预测方法的有效性。

（1）均方误差 MSE：$MSE = \dfrac{1}{n}\sqrt{\displaystyle\sum_{t=1}^{n}(x_t - \hat{x}_t)^2}$

（2）平均绝对误差 MAE：$MAE = \dfrac{1}{n}\displaystyle\sum_{t=1}^{n}|x_t - \hat{x}_t|$

（3）平均绝对百分比误差 $MAPE$：$MAPE = \dfrac{1}{n}\displaystyle\sum_{i=1}^{n}|(x_t - \hat{x}_t)/x_t|$

由表 4-8 中预测模型评价指标体系的数值可知，基于 IOWGA 算子组合预测模型的 3 项拟合误差指标（MSE、MAE、$MAPE$）的数值分别为 0.002712、0.0039 和 0.004736，均明显小于三次指数平滑、GM（1，1）、LS-SVM 预测模型的 3 项拟合误差指标的数值。说明基于 IOWGA 算子的组合预测模型在预测磨粒浓度方面具有一定的可行性与实用性。

表 4-8　预测模型评价指标体系

评价指标体系	LS-SVM	GM（1，1）	指数平滑	IOWGA 组合预测
MSE	0.005202	0.012018	0.019499	0.002712
MAE	0.008867	0.019733	0.0306	0.0039
$MAPE$	0.009997	0.020633	0.031323	0.004726

4.6　小结

本章基于时间序列的定常扭矩激励下转子系统滑动轴承磨损磨粒浓度数据，选取 LS-SVM 回归预测、灰色预测及指数平滑法预测磨粒浓度变化规律，在此基础上，采用了一种基于 IOWGA 算子的组合预测方法，建立了一种预测转子系统滑动轴承磨损磨粒浓度的组合预测模型及其评价指标体系。实例结果表明，基于 IOWGA 算子的组合预测模型的预测精度及预测效果明显优于其他 3 种单项预测法，有效地弥补了单项预测模型的不足，从而验证了基于 IOWGA 算子的组合模型的可行性和优越性。

5 滑动轴承磨损寿命预测方法

滑动轴承磨损失效是一个长期磨损累积的过程。对于转子系统滑动轴承来说，润滑站给滑动轴承摩擦副供油，使其工作状态大部分时间处于弹流润滑，滑动轴承磨损量较少，所以滑动轴承磨损失效一般要经历一个长达数年的磨损过程，其磨损的表现形式主要是滑动轴承与转轴或是润滑系统中磨粒与轴瓦发生直接或间接接触，从而导致滑动轴承磨损。本章主要介绍扭矩激励和转速对转子系统滑动轴承磨损寿命的影响，建立转子系统滑动轴承磨损寿命预测模型，为转子系统滑动轴承磨损寿命预测提供一种预测方法。

5.1 滑动轴承磨损及影响因素

5.1.1 滑动轴承磨损过程

滑动轴承磨损基本服从故障"浴盆曲线"，即滑动轴承磨损分为磨合、稳定磨损和剧烈磨损三个阶段。如果采用滑动轴承磨损量与时间的关系曲线来表示，则滑动轴承磨损过程如图 5-1 所示。

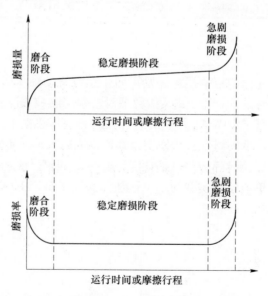

图 5-1　滑动轴承磨损随时间的变化趋势

（1）磨合阶段。一方面，由于转轴与滑动轴承加工和转子试验台装配方面的误差，滑动轴承服役的初期，转轴与滑动轴承的间隙往往分布不均；另一方面，新加工的滑动轴承和转轴表面往往存在着加工留下的尖锐微凸体，因此这个阶段滑动轴承磨损量往往较高且磨损率也较高。

（2）稳定磨损阶段。此磨损阶段是滑动轴承使用寿命的主要阶段。在该磨损阶段，滑动轴承磨损量趋于平缓增加，滑动轴承磨损量与时间保持线性的关系，滑动轴承磨损率为定值，滑动轴承磨损率曲线为一水平直线。

（3）剧烈磨损阶段。随着滑动轴承较长时间的稳定磨损，滑动轴承往往会积累一些暗伤和缺陷，加之扭矩扰动、润滑油劣化和长期的交变应力作用，油膜遭到严重破坏，加剧滑动轴承磨损。滑动轴承磨损长期累积必将导致滑动轴承剧烈磨损的发生，剧烈磨损具有突发性和急剧性，所以滑动轴承磨损量和磨损率曲线都是呈现急剧上升的。滑动轴承剧烈磨损造成的后果是非常严重的，将产生异常的振动和噪声、磨粒剥落，甚至轴瓦发生断裂、咬死等严重问题，滑动轴承温度急剧上升，造成滑动轴承的失效。

5.1.2 滑动轴承磨损影响因素

转子系统滑动轴承的使用寿命与工作所处的润滑状态有着十分重要的关系，滑动轴承润滑状态决定了滑动轴承磨损率。多种因素影响着滑动轴承润滑状态，如滑动轴承硬度、轴瓦厚度、磨粒粒度、磨粒浓度和初始滑动轴承摩擦副间隙以及运行时的转速和扭矩扰动等。课题组设计搭建了转子试验台，主要研究转速、扭矩激励对转子系统滑动轴承磨损的影响。在试验过程中，磨粒粒度过大、磨粒浓度过高也会对滑动轴承磨损造成一定的影响。

（1）转速。对于油润滑条件下的滑动轴承，随着转子系统转速的增加，滑动轴承润滑状态将会发生改变，滑动轴承磨损率也会随之改变。

（2）扭矩激励。在扭矩激励较小时，由于滑动轴承弹性变形和自润滑特性，转轴与滑动轴承之间的摩擦系数较小，随着扭矩扰动增加，滑动轴承摩擦副的微凸体尖峰持续发生摩擦，导致滑动轴承磨损率随之增加。随着扭矩激励的进一步加大，滑动轴承摩擦副油膜遭到破坏，滑动轴承摩擦副处于边界润滑状态，从而导致滑动轴承磨损率进一步增大。

（3）磨粒粒度。磨粒粒度对滑动轴承使用寿命的影响主要表现在对滑动轴承摩擦副油膜的破坏。当磨粒粒度尺寸大于或等于滑动轴承油膜厚度时，磨粒会划伤滑动轴承表面，加剧滑动轴承磨损。

（4）磨粒浓度。随着润滑系统中磨粒浓度的增加，滑动轴承最小油膜厚度会受到影响，加剧磨粒直接接触磨损滑动轴承摩擦副表面，造成滑动轴承磨损量增加。

5.2   滑动轴承磨损寿命试验分析

转子系统滑动轴承磨损寿命预测是根据滑动轴承当前所处工况，判断滑动轴承润滑状态，分析滑动轴承磨损规律，预测将来滑动轴承磨损状况，进而预测转子系统滑动轴承磨损量达到磨损阈值时的运行时间，其具体流程如图 5-2 所示。

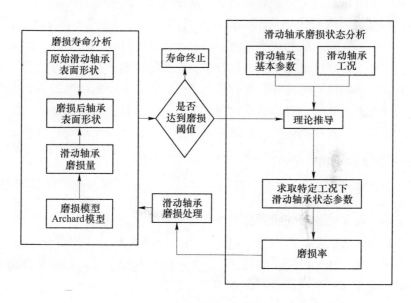

图 5-2   滑动轴承磨损寿命预测

按照图 5-2 寿命预测流程可求取转子系统滑动轴承摩擦副在不同定常扭矩激励、不同转速等特定工况下的磨损寿命，转子系统滑动轴承损寿命可由函数关系式（5-1）表示。

$$t = f(T, \omega) \tag{5-1}$$

式中 t——滑动轴承磨损寿命，h；

　　　 T——滑动轴承摩擦副负载扭矩激励，N·m；

　　　 ω——转轴转速，r/min。

本章以滑动轴承 B 为例进行研究，不同扭矩激励不同转速下滑动轴承磨损量的测试结果见表 5-1。分别选取三个转速值和三个扭矩值进行磨损实验，取 20h 滑动轴承质量差的平均值为对应时段滑动轴承磨损量。不同扭矩激励、不同转速下滑动轴承磨损量的试验结果见表 5-1。

表 5-1　不同扭矩激励不同转速下滑动轴承磨损量

序号	转速/r·min^{-1}	扭矩载荷/N·m	磨损量/mg
1	240	21.3	3.2
2	240	42.4	4.6
3	240	63.2	6.8
4	300	21.3	3.6
5	300	42.4	5.0
6	300	63.2	7.2
7	360	21.3	4.0
8	360	42.4	5.4
9	360	63.2	7.6

　　图 5-3 所示为三组扭矩值下转子系统滑动轴承磨损量随转速变化的曲线，可以看出不同定常扭矩激励下转子系统滑动轴承磨损量均随着转速的增加呈现近似线性增大的趋势。图 5-4 所示为三组转速值下滑动轴承磨损量随扭矩激励变化的曲线，可以看出随着定常扭矩激励的增加，滑动轴承磨损量呈明显上升的趋势。由图 5-3 和图 5-4 可知，滑动轴承磨损量与定常扭矩激励和转速均有关，随着定常扭矩激励和转速的增加，滑动轴承磨损量也持续增加，定常扭矩激励对滑动轴承磨损量的影响要远大于转速对磨损量的影响。

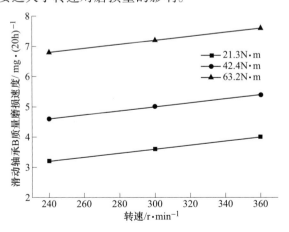

图 5-3　不同定常扭矩激励下滑动轴承质量磨损速度变化曲线

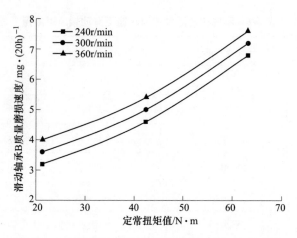

图 5-4　不同转速下滑动轴承磨损量随扭矩变化曲线

5.3　改进的 Archard 磨损模型

为了定量分析滑动轴承磨损量随定常扭矩激励和转速的变化情况，引入滑动轴承磨损模型，对滑动轴承质量磨损速度进行定量分析。

目前为止还没有形成统一的理论来描述滑动轴承实际磨损状况，经典 Archard 模型被广泛应用于滑动轴承实际磨损量计算中，其表达形式为：

$$\frac{V}{S} = K\frac{F}{H} \tag{5-2}$$

式中　V——磨损体积，mm^3；

　　　　S——滑动距离，mm；

　　　　K——磨损系数；

　　　　F——法向载荷，N；

　　　　H——材料的布氏硬度，N/mm^2。

对于转子系统滑动轴承来说，$S = vt$，$v = 2\pi nr$，则：

$$\frac{v}{2\pi nrt} = K\frac{F}{H} \tag{5-3}$$

式中　v——滑动速度，mm/min；

　　　　n——转速，r/min；

　　　　r——轴承内圈半径，mm。

将式（5-3）的两边同时乘以轴承材料的密度 ρ 可以得：

$$\frac{m}{2\pi nrt} = \rho K\frac{F}{H} \tag{5-4}$$

移项得：

$$m = \frac{2\pi\rho K}{H}Tnt \tag{5-5}$$

由于磨损副接触点是不断变化的，因此在实际计算中一般采用式（5-6）的微分形式：

$$\frac{\mathrm{d}m}{\mathrm{d}t} = \frac{2\pi K}{H}Tn \tag{5-6}$$

式中，磨损速度随着转速 n 和扭矩 T 的乘积成正比例关系；n 和 T 的指数均为 1，即二者对磨损速度的影响同等重要，而实验分析得出定常扭矩激励对滑动轴承磨损量的影响要远大于转速对磨损量的影响，所以式（5-6）显然是不合理的，本章提出以下改进模型：

$$\gamma = \frac{\mathrm{d}m}{\mathrm{d}t} = k_0 T^a n^b \tag{5-7}$$

式中　a，b ——扭矩、转速分别对轴承磨损率的影响指数；

　　　k_0 ——工况条件参数，与材料、表面品质和润滑状态等因素有关；

　　　n ——转速，r/min；

　　　T ——扭矩，N·m；

　　　γ ——单位时间磨损质量，mg/（20h）。

5.4　磨损量计算结果

利用表 5-1 中的滑动轴承磨损试验数据求解改进 Archard 磨损模型中的未知参数。将式（5-7）转化为线性方程进行求解，即对等式两端取自然对数，可得：

$$\ln\frac{\mathrm{d}m}{\mathrm{d}t} = \ln k_0 + a\ln T + b\ln n \tag{5-8}$$

将表 5-1 中的滑动轴承磨损量数据代入式（5-8）将获得多个方程，再利用最小二乘法求解出改进 Archard 磨损模型中 k_0、a 和 b 三个参数。该方程为：

$$\boldsymbol{A\theta} = \boldsymbol{e} \tag{5-9}$$

式（5-9）中：

$$\boldsymbol{A} = \begin{bmatrix} 1 & \ln T_1 & \ln n_1 \\ 1 & \ln T_2 & \ln n_2 \\ M & M & M \\ 1 & \ln T_n & \ln n_n \end{bmatrix}, \quad \boldsymbol{\theta} = \begin{bmatrix} \ln k_0 \\ a \\ b \end{bmatrix}, \quad \boldsymbol{e} = \begin{bmatrix} \ln m_1 \\ \ln m_2 \\ M \\ \ln m_n \end{bmatrix}$$

求解得：

$$\hat{\boldsymbol{\theta}} = (\boldsymbol{A}^\mathrm{T}\boldsymbol{A})^{-1}\boldsymbol{A}^\mathrm{T}\boldsymbol{e}$$

将表 5-1 中的转速、扭矩以及对应的轴承磨损量数据分别代入模型中可得：

$$A = \begin{bmatrix} 1 & 3.0587 & 5.4806 \\ 1 & 3.7471 & 5.4806 \\ 1 & 4.1463 & 5.4806 \\ 1 & 3.0587 & 5.7038 \\ 1 & 3.7471 & 5.7038 \\ 1 & 4.1463 & 5.7038 \\ 1 & 3.0587 & 5.8861 \\ 1 & 3.7471 & 5.8861 \\ 1 & 4.1463 & 5.8861 \end{bmatrix}$$

$$A^{\mathrm{T}} = \begin{bmatrix} 1 & 1 & 1 & 1 & 1 & 1 & 1 & 1 & 1 \\ 3.0587 & 3.7471 & 4.1463 & 3.0587 & 3.7471 & 4.1463 & 3.0587 & 3.7471 & 4.1463 \\ 5.4806 & 5.4806 & 5.4806 & 5.7038 & 5.7038 & 5.7038 & 5.8861 & 5.8861 & 5.8861 \end{bmatrix}$$

$$e = \begin{bmatrix} 1.1632 \\ 1.5261 \\ 1.9169 \\ 1.2809 \\ 1.6094 \\ 1.9741 \\ 1.3863 \\ 1.6864 \\ 2.0281 \end{bmatrix}$$

解得磨损模型的相关参数：

$$k_0 = 0.0516, \quad a = 0.6226, \quad b = 0.4059$$

故滑动轴承质量磨损速度 γ 表达式的具体形式为：

$$\gamma = \frac{\mathrm{d}m}{\mathrm{d}t} = 0.0516 T^{0.6226} n^{0.4059} \tag{5-10}$$

将表 5-1 中的定常扭矩 T 和转轴转速 n 的值代入式（5-10）中，可求出 20h 滑动轴承磨损量理论值与观测值，见表 5-2 所示。

表 5-2　滑动轴承磨损量理论值与实测值

理论值/mg	测量值/mg	误差	准确率/%
3.2072	3.2	0.0072	99.78
4.9235	4.6	0.3235	92.97
6.3126	6.8	-0.4874	92.83
3.5112	3.6	-0.0888	97.53
5.3903	5	0.3903	92.19

理论值/mg	测量值/mg	误差	准确率/%
6.9111	7.2	−0.2889	95.99
3.781	4	−0.219	94.52
5.8044	5.4	0.4044	92.51
7.442	7.6	−0.158	97.92

由表 5-2 可知，滑动轴承的改进 Archard 磨损模型的计算精度较高，从而可利用公式（5-10）计算出转子系统滑动轴承在不同定常扭矩激励不同转速工况下的磨损速度。

5.5 磨损寿命预测

5.5.1 滑动轴承的磨损阈值

为了有效预测转子系统滑动轴承磨损寿命，必须明确组成转子系统滑动轴承摩擦副的极限磨损量，即滑动轴承磨损阈值。

滑动轴承极限磨损量有 3 个原则：

（1）滑动轴承服役后期使得滑动轴承断裂、滑动轴承摩擦副咬死、机构卡死或滑动轴承不能继续完成工作任务；

（2）滑动轴承服役后期使得转子系统及其零部件严重报废，出现转子系统振动、冲击、滑动轴承摩擦副表面磨损加速、滑动轴承温度升高等；

（3）滑动轴承服役后期使得转子系统的使用性能超出其许用极限。

对于转子系统滑动轴承磨损寿命预测，由于转子系统转轴材料（40Cr）的硬度远高于轴瓦（ZQSn6-6-3），因此假定滑动轴承摩擦副磨损基本上只发生在滑动轴承内表面。转子系统运转过程中，由于发生磨损，滑动轴承内径不断地增大，进而使得转轴的位置精度不断地下降，当滑动轴承摩擦副间隙达到某一临界值时，转轴完全丧失了位置精度，滑动轴承摩擦副间隙增大的最大允许量决定了最大许用磨损量，进而决定了滑动轴承的使用寿命。一般滑动轴承轴瓦极限磨损厚度 H 为 $0.25 \sim 0.35$mm，选取平均值 $H = 0.3$mm 作为滑动轴承的磨损极限。

滑动轴承极限磨损质量为

$$\Delta m = \rho \cdot \Delta V = \rho \cdot \frac{\pi}{4} \big[(D + 2\Delta H)^2 - D^2 \big] b$$

$$= 8.82 \times 10^3 \times \frac{\pi}{4} \times \big[(0.032 + 0.0003)^2 - 0.032^2 \big] \times 0.024$$

$$= 6.44397 \times 10^{-3} \text{kg} = 6443.97 \text{mg} \tag{5-11}$$

5.5.2　滑动轴承寿命预测模型

根据式（5-10）及式（5-11），可计算出轴承达到极限磨损质量时所用的时间。即：

$$t = \frac{20\Delta m}{\gamma} = \frac{20 \times 6443.97}{0.0516T^{0.6226}n^{0.4059}} = \frac{2497662.7910}{T^{0.6226}n^{0.4059}} \tag{5-12}$$

当转速一定时，根据式（5-12）即可求得不同扭矩激励下的磨损寿命。图 5-5 所示为转速 $n = 550\text{r/min}$ 时，滑动轴承磨损寿命随定常扭矩激励变化的曲线。由图 5-5 中磨损寿命曲线可以看出滑动轴承磨损寿命与定常扭矩激励近似呈对数关系，在转速一定的条件下，滑动轴承磨损寿命随定常扭矩激励的增大而减小。初始阶段随着定常扭矩激励值的增大，滑动轴承磨损寿命减小，速度较快，变化比较剧烈，磨损寿命减小的速度很快，当定常扭矩激励达到一定值时，随着扭矩激励值的增大滑动轴承的磨损寿命变化缓慢趋于平稳。扭矩的最大值取决于轴承的润滑状态，当扭矩值达到边界润滑状态的临界值时，转子系统将发生碰摩和失稳。

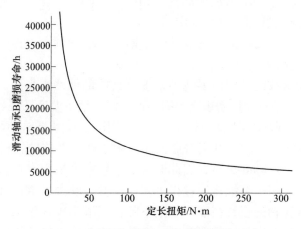

图 5-5　定常扭矩扰动下滑动轴承磨损寿命

由图 5-5 可看出，当处于完全润滑状态时，轴承的寿命在 30000h 以上；当扭矩增大到 60N·m 时，转子系统处于混合润滑状态，寿命减小到 15000h，此后，随着扭矩的增大，磨损寿命的降低速度减慢，达到混合润滑的最大临界点时，寿命接近于 5000h，而此时轴承也将处于边界润滑状态，转子系统将面临失稳甚至毁坏的危险。

根据式（5-12）亦可求得一定扭矩下不同转速的磨损寿命，图 5-6 所示为转子试验台扭矩为 80N·m 时滑动轴承磨损寿命随转速变化的曲线。根据曲线可以看出磨损寿命与转速近似呈对数关系。

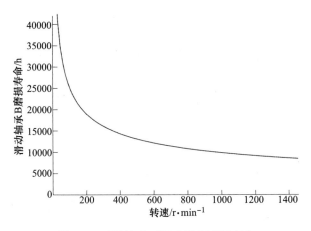

图 5-6　不同转速下滑动轴承磨损寿命

根据图 5-6 中滑动轴承磨损寿命曲线可知，在定常扭矩扰动一定的情况下，滑动轴承磨损寿命随转速增加而减小，且减小的趋势基本一致。

5.6　小结

本章主要研究转子系统滑动轴承磨损过程，分析影响转子系统滑动轴承磨损率的两个主要因素（转速与扭矩）；通过试验测得在不同转速不同定常扭矩工况下转子系统滑动轴承磨损量，研究了如何利用滑动轴承磨损试验数据求解改进 Archard 模型的参数，从而实现对转子系统滑动轴承磨损量的计算；应用改进的 Archard 磨损模型，测算出滑动轴承磨损率与转速及定常扭矩的关系，建立了转子系统滑动轴承磨损寿命预测模型。

6　油液检测与故障诊断网络服务 平台的开发与实现

现今世界正朝着信息化、网络化、数据化方向发展，各项数据资源依托互联网技术实现了资源的实时共享与服务，用户可以随时随地通过网络搜寻查找自己想要的信息。为了借助互联网技术和计算机技术更好地为中小微企业用户提供油液检测与故障诊断相关技术服务，使企业用户可以实时掌握设备的运行状况和润滑油的使用情况，及时对设备进行监控与维护，本章介绍油液检测与故障诊断网络服务平台的开发与实现。同时，科研人员可以通过本平台获取机械设备现场的第一手资料与数据，以便实现进一步的科学研究。本章将对平台的设计方案、平台界面的布局、平台主要功能模块的开发与实现等进行详细的论述。

6.1　系统平台的总体设计

6.1.1　架构设计

随着互联网技术和计算机技术的不断发展，用户对系统平台的需求在不断提高。因此，系统平台的规模也随之不断扩大，功能也在不断完善。由于各种模式体系结构的系统在开发、设计和使用过程中有着明显的不同，故应该选择合适的体系结构进行设计和开发。当前系统平台的架构模式主要有客户机/服务器（Client/Server，C/S）结构（见图6-1）和浏览器/服务器（Browser/Server，B/S）结构（见图6-2）。

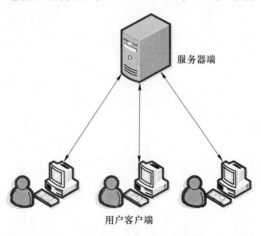

图 6-1　C/S 结构

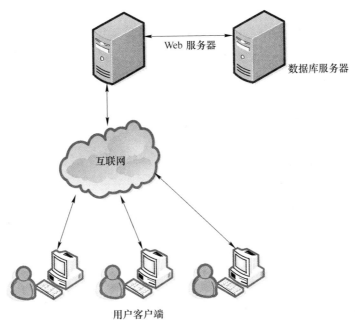

图 6-2 B/S 结构

C/S 结构在开发与应用过程中存在诸如需要在客户端安装相应的软件程序才可进行访问操作，需要专门的客户端软件，应用程序的升级和客户端程序的维护较为困难，以及不利于用户跨平台、跨区域访问与使用系统等缺点和不足，为了解决这些问题，研究人员提出了浏览器/服务器结构。B/S 结构相对于 C/S 结构的优势主要体现在以下几方面：

（1）现在所有可连接网络的智能设备都配备了相应的浏览器，用户不需要安装复杂的程序，只需打开浏览器输入访问网址就可以随时随地进行跨平台、跨地域的访问和使用系统，同时还能为开发节省很大的成本。

（2）在安全性上，B/S 结构只需考虑服务器端就行。

（3）在系统升级维护上，B/S 结构相对操作简单。开发人员只需要在服务器上对系统进行升级维护，不需要在客户端进行任何操作，用户只需通过刷新浏览器就能访问最新的系统。

因此，"油液检测与故障诊断共享服务平台"的设计采用 B/S 结构，可将其分为应用层、业务层、数据层和硬件层四部分，如图 6-3 所示。

（1）应用层。利用 HTML、Div+CSS 等构建浏览器网页，用户打开浏览器，注册并登录进行平台访问。用户将所需的请求通过浏览器发送给服务器，服务器根据请求做出相应的响应，然后将处理结果返回给浏览器，以网页的形式呈现给用户，实现友好的人机交互。

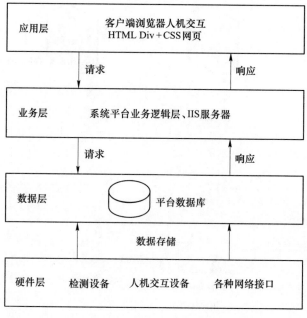

图 6-3　系统结构

（2）业务层。主要是 IIS 服务器接收来自用户客户端浏览器的请求，然后根据请求访问并调用数据库服务器的数据，最后将结果返回到客户端浏览器。

（3）数据层。数据库服务器是系统平台的核心部分，主要存储并管理来自应用层和硬件层提供的数据包括用户信息、检测设备信息、被检设备信息、诊断报告信息等，为整个系统提供数据服务。

（4）硬件层。此层是整个系统的基础部分，主要作用是实现人机交互和数据的采集和录入。

6.1.2　功能设计

6.1.2.1　用户模块设计

"油液检测与故障诊断共享服务平台"以机械设备为检测对象，充分利用高校学科优势，整合现有仪器设备和人才队伍资源，借助先进的检测手段和技术，实现对油品的监测和设备故障诊断。平台以资源共享为目标，开展油液的性能检测、设备磨损状态监测等服务项目，为机械系统的可靠性、液压和润滑系统的污染控制、机械设备故障诊断提供技术支持。因此，将系统功能设计为检测仪器、检测项目、检测案例、技术培训、支持服务、我要检测、系统帮助、登录与注册、报告管理、仪器管理和在线故障诊断等。

通过对系统实际需求和功能设计进行深入分析研究，将系统功能归纳为两大部分，即用户模块功能和管理员模块功能。

用户模块功能设计如图 6-4 所示。

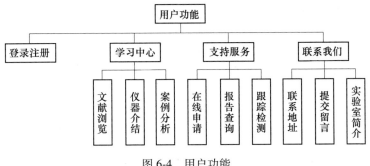

图 6-4 用户功能

（1）注册登录。为了确保用户的真实有效性，用户需要用通过验证的邮箱进行注册且作为登录的账户。用户可以通过浏览器对系统进行登录和访问，进入系统后，用户可根据自己的需求进行体验本系统拥有的开放功能。

（2）学习中心。为用户在线提供油液检测相关的文献资料、检测仪器介绍和成功案例分析，使用户方便快捷地掌握学习资源。

（3）支持服务。用户可在线填写检测申请信息并将样品邮寄至实验室，检测人员根据用户申请信息进行对应油液的检测，并将最终检测报告上传系统。用户通过登录即可查看检测报告，若对同台设备多次检测，可提供跟踪检测信息，从而更好地监测与维护设备。

（4）联系我们。为方便用户与管理员进行友好交流，提供在线留言平台与联系方式。

6.1.2.2 管理员模块设计

管理员模块功能设计如图 6-5 所示。

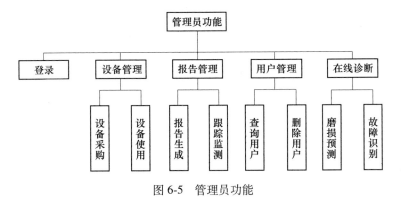

图 6-5 管理员功能

（1）设备管理。通过专人专管制度，确保仪器的日常维护和使用；通过采购制度，对实验室消耗品和设备进行采购；管理员将仪器维护与使用情况和采购情况记录在数据库中，以便实验室的正常运行。

（2）用户管理。实现了用户信息的查询和删除等功能，管理人员可更改用户的访问权限或直接删除用户，从而改变用户操作权限，达到用户管理的目的。

（3）报告管理。实现了报告生成和设备跟踪监测等功能。为了保证测试结果足够准确，检测人员严格按照国家标准以及 ISO 和 ASTM 等国际标准进行检测；同时检测报告以盲样方式进行管理，报告通过 4 个严格环节生成。收样员对油样进行编号、分类和任务分配；检测人员接到油后根据要求进行不同项目的检测并填写检测数据；审核员对检测数据进行分析并对油样和设备运行状况给出结论和合理化建议；批准人对所有检测数据进行最后的审核，若不批准，则返回数据重新检测和填写，若批准，则收样员为用户提供报告并录入数据库进行保存与管理，用户也可登录平台进行异地查看。

（4）在线诊断。用户可以通过浏览器在线输入检测设备的运行状态参数，然后通过系统的智能诊断算法对设备进行磨损预测和故障识别，从而对设备的维修和保养提供合理的指导作用。

6.1.3 开发环境选择

从系统的设计目标出发，分析并设计了系统的整体结构，进而根据实际需求设计了系统的功能，要想搭建一个界面友好、功能齐全、运行稳定的油液检测与故障诊断共享服务平台，还需要对开发工具、开发语言、开发技术等开发环境进行考虑。

6.1.3.1 开发工具

在搭建油液检测与故障诊断共享服务平台的过程中，开发工具的选择也是关键一环。现根据平台功能的设计需要，选择以下工具进行平台开发。

（1）Visual Studio 2013。Visual Studio（简称 VS）是由美国微软公司开发的，可用于开发 Windows 平台应用程序。由于本平台开发使用的操作系统为 Windows 7，且 VS 支持很多页面类型，比如 HTML 页面、ASPX 页面以及 Master 母版页等，同时支持 C#、Visual Basic 等多种开发语言，故选用 Visual Studio 2013 作为开发的工具。

（2）SQL Server 数据库。SQL Server 是一个具有扩展性的、性能高、可靠的数据库管理软件。它可以支持数据的增、删、查、改等存储功能，支持 ODBC，还具有自己的 SQL 语言，同时支持与 VS 的互联。本平台将 VS 与 SQL Server 互联，利用 SQL 语句高效地对数据进行存取、查询、更新和管理。

（3）Photo Shop 软件。Photo Shop 软件可以利用其编修与绘图等工具对图片进行编辑美化，是 Web 开发设计人员的理想选择。为了设计开发出友好的人机交互界面，使用户得到舒畅的浏览体验，借助 Photoshop 软件对平台页面进行美工设计是必要的。

（4）SPSS Statistics 统计分析软件。SPSS（statistical product and service solutions），是"统计产品与服务解决方案"软件。SPSS 是一款能够对数据进行均值比较、相关分析、回归分析、聚类分析、数据简化、时间序列分析等多功能的统计分析软件。由于此软件操作简单、界面友好、对数据的统计与分析功能全面，故本平台采用它作为设备油液检测数据分析的工具。

（5）MATLAB。MATLAB 是美国 Math Works 公司开发的一款具有数据分析、数值计算、图形处理、可连接其他编程语言开发的数学软件。因其具有 MATLAB 和 Simulink 仿真两大部分，同时具有丰富的应用工具箱，可对油液检测数据进行全面的计算、分析、仿真等处理，故本平台采用其作为检测数据分析的辅助工具。

6.1.3.2 开发语言

随着计算机技术的高速发展，开发语言也不断推陈出新适应其发展。现在流行的开发语言有 C、C++、C#、Visual Basic、Java 等，但开发语言需要根据开发工具来进行选择。因此，本平台的开发选用以下几种语言：

（1）C#。C#是由 C 和 C++衍生出来的面向对象的编程语言。因其具有安全、稳定、可视化以及运行高效等优势，成为 .NET 开发的首选语言。因本平台选用 Visual Studio 2013 作为开发工具，所以选用 C#作为网页服务器端程序开发语言。

（2）HTML 语言。HTML（hypertext marked language）语言是一种超文本的标记语言。通过 HTML 语言将所要显示的内容如文字、图像、声音等按要求排列，然后用浏览器按照其编辑的形式转化成相应的标题、段落等单元显示在网页中。平台前端网页展示需要借助 HTML 语言进行内容显示。

（3）JavaScript 语言。JavaScript 语言是由对象和事件驱动的客户端脚本语言。其组成部分主要为 ECMAScript、文档对象模型（document object model，简称 DOM）和浏览器对象模型（browser object model，简称 BOM）。它可以直接插入到 HTML 中为网页增加动态功能，给用户带来友好的交互体验。因此，本平台可以利用 JavaScript 为用户开发具有动态功能的网页，如登录空白验证、时间日历等功能。

（4）SQL 语言。SQL 语言是结构化查询语言（structured query language）的简称。SQL 语言由对数据进行定义的、控制的和操作的三部分语言组成，并可进行相互嵌套使用，故其对数据进行增删查改更加方便与灵活。因此，本平台使用

SQL 语言对数据库进行插入、修改、删除和查询等操作和管理。

6.1.3.3　开发技术

在搭建油液检测与故障诊断共享服务平台之前，选择合适的平台开发技术也是一个重要的环节。运用合适的开发技术将影响平台运行的可靠性、安全性以及稳定性。现将平台开发所用的关键技术进行简要论述。

A　ASP. NET 技术

ASP. NET 是一种动态的页面访问技术。在创建的应用程序中主要包括 . aspx 页面网络窗体和为其提供后台代码程序的 . cs 文件。后台代码页和窗体之间相互连接，最终形成比 HTML 构成的静态页面更高级的动态网页。动态页面可连接数据库，根据不同用户的不同需求执行对应的程序，从而提供个性化的网络服务。用户只需点开浏览器进入页面，发送请求给服务器，然后服务器将收到的请求进行处理并将结果转化为浏览器可以识别的信息返回到浏览器，浏览器再通过解析，最后以可视化的页面形式呈现给用户。

平台在搭建过程中，采用 MVC（model—view—controller），即模型—视图—控制器的模式，如图 6-6 所示。它将后台代码程序、控制和前端显示进行了分离，这样就实现了程序的各司其职，使 Web 开发人员可以协同开发，不管更改哪个环节，其他环节都不会受到影响。

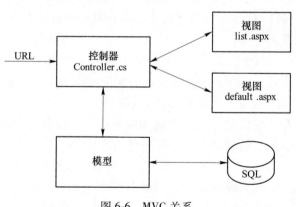

图 6-6　MVC 关系

（1）视图层（View）给用户提供数据的输出显示，比如文字、图片、视频等。客户端视图主要通过 HTML、DIV+CSS 进行页面的布局和设计，辅之以 Photoshop 进行页面美化，使用户有一个舒适的视觉体验。

（2）模型层（Model）是后台逻辑代码程序，当用户在视图层点击链接或提交数据时，这些数据将通过模型层进行控制和调用，然后把处理结果发送给视图层进行展示。

（3）控制器层（Controller）在系统中充当着协调者的角色。当用户点击视图层时，控制器接收到用户请求并将其提交给模型层进行处理，然后将处理结果接收并发送给视图层。

B　ADO. NET 数据库技术

数据库（Database）通过一定的规则对数据进行存储和管理。在数据库中，用户可以对数据、表、数据库等进行增加、删除、查询、修改等操作。利用ADO. NET 技术可进行数据库访问，表 6-1 列出了访问数据库需要的基本类。

表 6-1　ADO. NET 五类基本类

序号	类名称	说　明
1	Connection 类	Connection 功能是连接数据库。Open（）方法为打开数据库，Close（）方法则是关闭数据库
2	Command 类	Command 主要用于数据的查询、修改、插入、删除等操作。常用的方法有 ExecuteNonQuery 和 Execute Scalar 等
3	Data Adapter 类	Data Adapter 类是数据适配器
4	Data Set 类	一个 Data Set 可以存储多张表，并可对多表建立关联、规则和约束等
5	Data Table 类	存储数据表，可对表进行表内数据查询、排序等

C　面向对象编程技术

在面向对象的程序设计过程中，一般将某些具有类似的、相关的特征属性总结成一个类，然后定义一个主方法。若想在程序中运用此类的属性就必须通过调用该主方法来实现，从而可使整个程序顺利运行，并保证代码的简洁性，同时也确保当功能需要升级或更改时，仅仅需要修改一次方法的代码，就可使应用了该方法的所有地方都会自动加载程序人员重新设计的新方法，大大提高软件开发的效率。

D　前端开发技术

AJAX(Asynchronous Javascript And XML）是一种运用 JavaScript 异步通信以交换 XML 数据的技术。传统的网页获取数据必须刷新整个页面，而 AJAX 技术是通过异步的方式进行处理，浏览器向服务器发出请求，但在等待响应过程中不会阻碍用户使用当前页面。例如：在表单提交过程中会出现按 F5 刷新页面和后退等重复提交数据的问题，为了解决这一问题，可采用 Update Panel 和 Multiview 组合对表单提交进行处理。如图 6-7 所示为 AJAX 工作原理。

JQUERY 是一个 JavaScript 库。它可以为页面添加动态效果，也可为用户提供很多功能。例如获取或设置 URL 中参数的值、清除 HTML 格式、导出 EXCEL 表格、设置或获取 COOKIE 信息、弹出提示性对话框、添加动画效果等实用功能。

6.1.4　系统平台的发布

系统平台的发布主要通过 Windows 自带的 IIS 服务器来完成。IIS（internet information services，互联网信息服务）服务组件有 Web 服务器、FTP 服务器、NNTP 服务器和 SMTP 服务器，可进行网页浏览、文件传输等服务。平台利用其网络服务功能进行信息的发布工作。

系统发布的主要步骤为：

（1）在 Windows 7 上进行网站的发布，首先需安装 IIS 控件，然后完成配置。

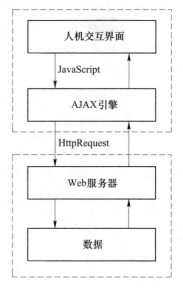

图 6-7　AJAX 工作原理

（2）进入 IIS 服务器管理，在应用程序池中添加网站，然后添加所要显示的网站名称，选择所要发布网站的物理路径，最后绑定服务器的 IP 地址。如图 6-8 所示。

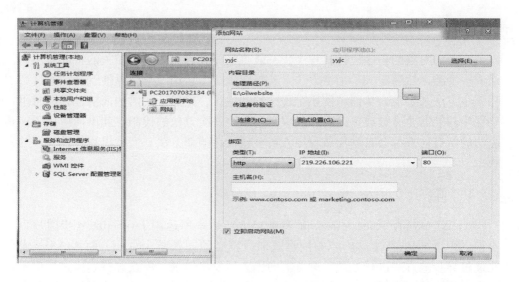

图 6-8　IIS 配置

（3）在应用程序池中将 .NET Framework 版本设为 .NET Framework4.0 即可。

6.2 平台整体框架的实现

6.2.1 平台网站的搭建

平台的搭建采用 B/S 结构模式，在该模式下，用户只需在 PC 客户端浏览器上登录对应网址便可访问服务器，进而浏览网页。

根据用户实际需求分析，将平台的功能模块分为用户模块和管理员模块两大部分，具体分成登录注册、学习中心、支持服务、联系我们、检测设备管理、检测报告管理和在线诊断等七个功能模块。平台在设计开发过程中将对每个功能模块进行单独设计开发，然后将各个功能页面相互连接实现平台功能的集成。

在开发过程中，平台采用 Visual Studio 2013 作为开发工具，该工具支持很多页面类型，比如 HTML 页面、ASPX 页面、CS 页面、JavaScript 页面、CSS 页面以及 Master 母版页等，母版页用于设置可共享的 JS 代码、CSS 样式、页面框架等内容，可大大减少程序代码和开发工作量。根据功能设计的要求，首先在 Visual Studio 2013 中建立一个空的网站项目并命名为 oilwebsite，作为平台的站点；然后在其下属文件中建立与各个功能模块相对应的子文件夹用于存放对应功能模块的实现页面，比如 App_Data 文件夹存放整个平台的数据库文件，App_imgs 文件夹存放平台所有用到的图片，login 文件夹存放登录与注册功能的代码页，help 文件夹存放系统帮助代码页，service 文件夹放支持服务功能的代码页等；最后建立网站的默认页面，即网站首页 Default. aspx 以及母版页 mstPage. master。如图 6-9 所示。

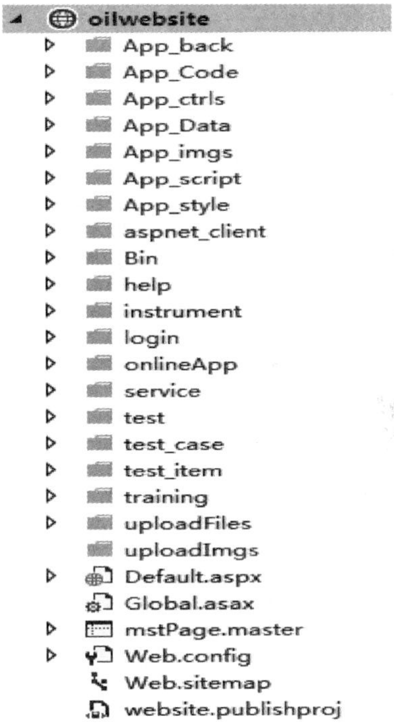

图 6-9 网站

6.2.2 平台类的建立

在程序开发过程中，利用面向对象的编程思想对其进行开发。对于具有相似属性的特征可将其归为一个类，定义成一个主方法；然后根据不同功能定义不同的方法，所有的方法都通过一个主方法来调用，从而将复杂的程序封装起来形成一个个小的方法，保证了代码的简洁性，同时可以重复调用，大大提高了开发效率。

在平台开发过程中主要用到的类包括数据库连接访问类、用户登录类、邮件发送类、子菜单调用类等。本节仅以数据库连接访问和用户登录两个类为例进行介绍。

6.2.2.1　数据库连接访问类

表6-2给出了数据库访问常用的对象实现的作用。

表 6-2　数据库对象

对　象	作　　用
Connection 类	提供连接数据库的方法
Command 类	用于执行查询、修改、插入、删除等操作
Data Adapter 类	将表放到 DataSet 对象中
Data Set 类	相当于把一个数据库放到了内存里，可以在内存里对多表建立关联、规则和约束等
Data Reader 类	供用户查询数据

平台的各项功能如用户的登录注册、报告的存储与查询、设备的管理等都需要与数据库建立联系，实现数据的增加、删除、查询、修改操作，可见其使用次数之多，故为了使代码简洁、操作简便，有必要建立数据库连接访问类。图 6-10 所示为数据库类具体代码实现。

6.2.2.2　用户登录类

根据实际需要，平台的各项功能的使用需要具有不同权限的用户才能操作。比如设备检测报告的查询功能需要已在平台注册过的用户才能进行查询操作；在线检测申请表单的填写、检测仪器的查询等对所有用户开放使用；检测报告的录入管理、检测仪器的管理等功能必须是具有平台管理权限的管理员才可以进行操作。因此，平台的登录工作是经常会使用到的功能需求，其代码使用率也比较高。为了简化程序代码，提高代码的执行效率，需要对用户登录代码封装成一个函数，建立一个用户登录类。图 6-11 所示为用户登录类的具体代码。

该类具有的属性包括用户账户、密码、状态、是否已经登录、是否自动登录、权限等级等；具有的方法包括获取用户登录信息的方法、登录检测方法、判断是否已经登录的方法、退出登录的方法等。通过这些属性和方法有效的配合执行，就可实现用户正常登录平台和使用平台提供的不同类型的服务了。

6.2.3　平台界面布局设计

在平台体系结构、功能设计、网站框架的搭建、相关类的建立等一系列工作完成后，接下来的工作就是对界面进行合理的布局和网站页面内容的填充。

```
public class superConn//自定义数据库连接类的名称
{
    public SqlConnection cnn;
    private SqlCommand cmd;
    private SqlDataReader datar;

    0 个引用
    public superConn(string mdfFileName)// 连接数据库
    {
        string str_conn = "server=.;database="+mdfFileName+";Integrated Security=SSPI";
        cnn = new SqlConnection();
        cnn.ConnectionString = str_conn;
    }
    0 个引用
    public void open()// 打开数据库
    {
        cnn.Open();
    }
    0 个引用
    public void close()// 关闭数据库
    {
        cnn.Close();
    }
    0 个引用
    public SqlDataReader GetDataReader(string _sql)// 查询数据库
    {
        cmd = new SqlCommand(_sql, cnn);
        datar = cmd.ExecuteReader();
        return datar;
    }
    0 个引用
    public void ExecuteData(string _sql)// 添加与修改数据
    {
        cmd = cnn.CreateCommand();
        cmd.CommandText = _sql;
        cmd.ExecuteNonQuery();
    }
}
```

图 6-10　数据库类

　　为了使网站各个页面风格一致形成统一的整体，同时考虑到用户的视觉体验和润滑油的工程背景，平台统一使用以黄色为主调，黑、白、灰等为辅的配色方式。在界面的布局上，依据普通大众用户的浏览习惯，即自上而下、从左至右的顺序，将平台的布局设计为图 6-12 所示的样式。从图中可以看出，平台自上而下分别由用户登录区、Logo 区、一级菜单导航区、主要内容区、二级子菜单导航区、菜单栏目区和版权信息区等七大部分组成。当用户访问平台时，首先映入眼帘的就是代表整个平台的 Logo 标志，让用户充分了解平台的主题就是"油液检测与故障诊断共享服务"；其次，用户将通过一级菜单导航了解到平台提供的主要服务项目，用户可根据个人兴趣爱好点击进入各自页面进行访问；然后，在页面最醒目的位置可以看到详细的内容；最后，为了使用户在访问期间不迷失，在

```
public class userInfo
{
    public string useremail; // 用户账号
    public string pwd; // 用户密码
    public string ST;
    public Boolean isLogin;
    public Boolean autoLogin;
    public string username;
    public string ador;
    public string grade;
    0 个引用
    public userInfo()//获取用户登录信息
    {
        useremail = "";
        pwd = "";
        username = "";
        isLogin = false;
        autoLogin = false;
    }
    //登录检测;
    0 个引用
    public Boolean tryLogin()
    {
        Boolean _result = false;//初始值为false

        if (useremail != "" && pwd != "")
        {
            newClasses.superConn scnn = new newClasses.superConn("数据库");
            scnn.open();
            string _sql = "select * from t_userinfo where u_email='" + useremail + "'";
            System.Data.SqlClient.SqlDataReader dr = scnn.GetDataReader(_sql);
            if (dr.Read())
            {
                if (pwd == dr["u_pwd"].ToString() && dr["u_state"].ToString() == "True")//与数据库中密码和注册状态进行对比
                {
                    ador = dr["u_ador"].ToString();
                    grade = dr["u_grade"].ToString();
                    username = dr["u_name"].ToString();
                    isLogin = true;
                    _result = true;
                }
            }
            scnn.close();
        }

        return _result;
    }
    //退出登录
    0 个引用
    public void Logout()
    {
        isLogin = false;
        pwd = "";
    }
    //用于判断是否已经登录
    0 个引用
    public Boolean GetIsLogin()
    {
        return isLogin;
    }
```

图 6-11   用户登录类

页面最下方提供了整个平台的站点地图和版权信息。

通过对界面布局的分析可知，用户登录区、Logo 标志区、一级菜单导航区、菜单栏目区和版权信息区是所有平台页面都相同的地方，而主要内容区、二级子菜单导航区则根据不同功能要求，具有不同的内容显示，故将公共的内容放置在母版页内，具体的内容显示放置在相应的子页面中，子页面镶嵌于母版页中显示。

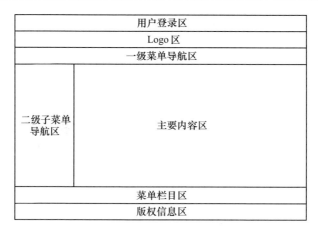

图 6-12　布局图

母版页实例如图 6-13 所示，其内容设计具体如下：

（1）用户登录模块的具体设计和实现方式。

（2）Logo 的设计充分体现平台的主题"油液检测与故障诊断共享服务"，图标以机械零部件的摩擦副和润滑油共同组成。

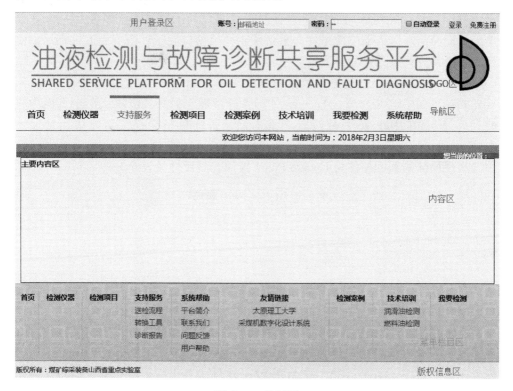

图 6-13　母版页

（3）导航条利用 Menu 控件显示。以 Site map 为数据源，Site map 文件中列出了平台中所有的项目及其对应的链接，比如检测仪器项、支持服务项、检测案例、系统帮助等。

（4）为了增加与用户的交流互动和提高视觉感，页面中加入动态元素。标签 marquee 提供了动态显示效果，将友好的问候语和当前时间等内容加入标签，加强用户的浏览体验。

（5）内容区由 content place holder 控件作为母版页与子页连接的桥梁，通过该控件将子页内容嵌入母版页来显示。

（6）菜单栏目以表格形式显示平台所有站点连接。

6.3　平台用户功能模块的实现

6.3.1　登录注册模块的实现

6.3.1.1　登录模块的设计实现

登录注册模块是用户访问并使用平台服务的窗口。登录的实现方式有很多，如用户在单独登录页面进行登录，登录成功后跳转至主页；或直接在主页设置登录窗口，当登录成功后局部刷新主页，不需要页面的跳转。为了使用户操作简单、页面简洁、服务器响应迅速，平台采用登录窗口放于母版页上进行局部刷新，不跳转方式登录。具体实现如下：

（1）为实现局部刷新更新数据功能，采用 Ajax 技术。为使 Ajax 正常运行，首先要在页面中放入 Script Manager 对其进行管理；另外，应注意一个页面中只能有一个 Script Manager，且应放于最前面，否则执行会报错而无法正常显示内容。

实现局部刷新的控件为 Update Panel 控件，其属性见表 6-3。

表 6-3　Update panel 属性表

属　　性	说　　明
Content Template	放置主要内容
Update Mode	在 Always 下，每次 Postback 都会更新； 而 Conditional 只在规定情况下更新
Triggers	触发器，用于 Update Panel 事件触发

由于拥有不同权限的用户会得到不同的服务，所以不同用户在登录成功后，页面显示的内容也存在差异。为了实现此功能，就需要在 Content Template 内容模板标签下添加 MultiView 控件。MultiView 控件主要作用就是根据不同需求显示不同的视图内容。如图 6-14 所示，当未登录时，页面显示如图 6-14（a）所示；

当普通用户登录时，页面显示如图 6-14（b）所示；当平台管理员登录时，页面顶部除了显示用户基本信息外，还将增加【进入管理页】按钮，可点击此按钮进入管理页面实现管理操作，如图 6-14（c）所示。

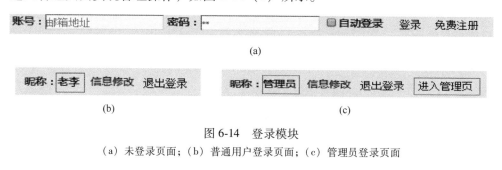

图 6-14　登录模块

（a）未登录页面；（b）普通用户登录页面；（c）管理员登录页面

（2）在用户登录过程中，需要用到 Cookie 和 Session 来对用户信息进行存储和追踪。因为 HTTP 是没有状态的，所以服务端需要记录用户状态时，就需要利用 Session 来识别用户。当用户通过浏览器访问网站时，在服务器端就会用 Session 临时建立一个用户会话来保存用户信息，当关闭浏览器时，信息会自动取消。但 Cookie 信息会保存于客户端里，每次 HTTP 请求时，客户端都会发送相应的 Cookie 信息到服务器端且关闭浏览器也不会消除 Cookie 信息。

为了用户访问方便，用户可将自动登录勾选上，系统将自动把用户信息写入客户端 Cookie 信息中。这样当用户关闭浏览器再次访问平台时，网站页面的脚本可以通过读取 Cookie 信息，自动帮助用户完成输入账号和密码的填写，并自动完成登录操作。

（3）用户登录后，可以根据个人情况对已经注册的除账号信息之外的其他信息进行修改。实现实例如图 6-15 所示，用户登录平台后点击【信息修改】，进入修改页面，输入想要拥有的昵称和密码就可实现基本信息的修改。后台代码主要是对数据库用户列表的更新操作，具体的 SQL 语法如下：

Update Tab1 seta＝b where condition1.1；

您的基本信息

账号	666
昵称	老李

昵称	
旧密码	
新密码	
修改	重新填写

图 6-15　信息修改页

Update 是 SQL 数据库语言的更新操作关键字，该语句表明在满足条件 1.1 的情况下，将表 Tab1 的字段 a 的值改为输入量 b。

6.3.1.2　注册模块的设计实现

在登录之前，用户必须经过注册这一环节。通过注册，让平台记住每一位用户；然后根据不同用户的需求，提供不同的油液检测服务。注册模块主要通过用户填写表单信息，经字符验证后写入平台数据库同时标明用户的类别。实现实例如图 6-16 所示。

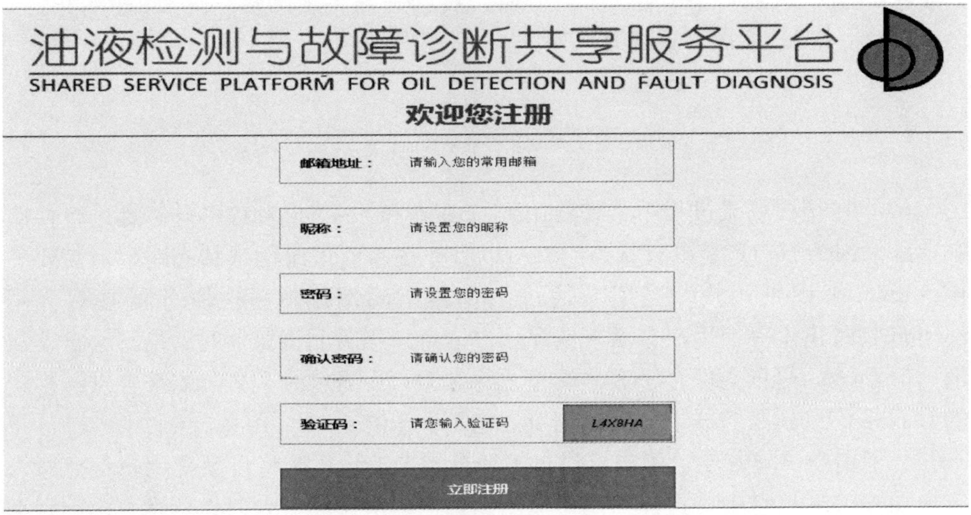

图 6-16　注册页

具体实现方式为：

（1）注册表单的操作是将用户输入的数据存入数据库中，以便在用户登录过程中查询并对应相应的信息。因此，在数据库中插入数据的语法为：

Insert into Tab2 a values b；

Insert 为数据表插入记录的关键字，该语句表明，在表 Tab2 的字段 a 里插入值 b。

（2）在表单提交之前，需要对表单填写的信息进行验证，只有符合填写要求的表单才能成功录入数据库，否则将提示信息填写错误。表单信息验证的方式既可以在客户端完成，也可以在服务器端完成，但为了缓解服务器的压力，平台采用客户端 JavaScript 脚本来验证。

在用户注册时，为了方便与用户联系，注册账号要求用有效的邮箱作为登录账号，同时需要邮箱进行验证激活方可使用；密码则作为登录平台的钥匙，要求至少 6~20 个字符组成；在 .js 文件中编写相应规则，然后拖入注册页面实现规则验证，保证注册的正确性和安全性。

6.3.2　用户学习模块的实现

在本平台的学习功能模块中主要包括检测仪器查询与预览、检测项目查询、检测案例分析以及技术培训等 4 个功能。用户可以点击"检测仪器"栏目对各种仪器的性能指标和功能特点进行详细了解；点击"检测项目"可以掌握平台能够提供的检测服务项目种类；点击"案例分析"可以学习经典的检测实例，增加设备故障检测经验；点击"技术培训"可以学习更多的技术规范和标准。以"检测仪器"栏目为例，实现方式如下：

（1）采用 JavaScript 配合 CSS 共同实现仪器图片动画滚动展示效果，在丰富页面内容的同时增加用户的人机交互体验。JavaScript 脚本语言提供了丰富的交互功能，如 FadeIn、FadeOut 可实现图片的淡入淡出，animate 可实现图片的动画移动，CSS 则提供了多样的外观样式，可调整图片的尺寸、外形、透明度等。

（2）仪器的列表展示采用 ListView 和 DataPager 两个控件实现。ListView 的优势在于其灵活性，可根据实际需要自主调整列表的格局和样式，加之可以配合DataPager 控件和 CSS 样式实现列表的分页功能与外观展示，故而应用广泛，其部分属性见表 6-4。

表 6-4　ListView 属性表

属　　　性	说　　　明
Layout Template	主模板
Item Template	数据项模板
InsertItem Template	新增数据项模板
EditItem Template	编辑数据项模板
Group Template	分组模板

（3）利用 Session 进行页面间的数据传递。通过点击列表中不同的仪器图片，使 Session 地址中携带相应的编码参数，在详情页面中将参数取出并从数据库中获取对应参数的详细数据，呈现在页面中。

instr. aspx？pid＝1 表示将 pid 的参数值 1 传给页面地址 instr. aspx；Request［"pid"］表示从地址中获取 pid 的参数值 1。

6.3.3　用户服务模块的实现

用户服务模块主要由在线检测申请、检测报告查询、送检流程说明、黏度计算工具等四个功能组成。具体实现如下：

（1）用户登录平台后，在网页中按要求填写申请表单，如个人基本信息、需要检测的项目、设备运行的状况等，提交成功后，表单信息将发送至服务器并存入相应数据库中，最后服务器将申请信息呈现给管理员。表单仍然采用 Update Panel 和 MultiView 控件相结合的方式实现，用 JavaScript 进行数据安全性验证。

（2）对于报告查询功能，为了增加报告的保密性和准确性，用户需要具有相应的权限方可访问。当有访客进入系统后，系统将自动从 Session 中查找是否有用户登录信息。若无登录信息，则执行提示用户登录的程序段，隐藏该功能页面；若查询到用户登录信息时，则执行服务模块的程序段，显示报告查询页面。输入相应的报告编号即可查询报告具体内容，及时监测设备的运行状态。数据查询语法为：

Select ＊from table1 where number ="1"；

该语句表明，从 table1 中查询所有满足 number ="1" 的记录。

（3）实用黏度计算工具通过客户端脚本语言 JavaScript 编写，实现了黏度指数、调和黏度以及黏度-温度的计算。

6.3.4　用户联系模块的实现

用户联系模块主要功能由平台简介、问题反馈、联系我们和用户帮助等 4 部分组成。

"平台简介"主要为用户介绍平台所具有的服务；"问题反馈"可以让用户给管理员提供平台建设的合理化意见，帮助完善平台的功能；"联系我们"为用户提供管理员的联系方式；"用户帮助"提供了整个平台的操作指南，方便用户更好地体验平台服务。

（1）平台简介页面主要利用 HTML 语言对其进行排版与显示。

（2）问题反馈的表单采用 Update Panel 和 MultiView 控件相结合的方式实现，用 JavaScript 进行数据安全性验证。

（3）"联系我们"采用百度地图开放的 API 接口，实现百度地图的页面嵌入显示和精确定位服务。

6.4　平台管理员功能模块的实现

系统平台提供的服务不仅需要用户的参与，还需要管理员的配合，方可使服务顺利实现。管理员由实验员、收样员、审核员、审批员等四类人员共同组成，依据不同人员具有的权限等级分别实现检测设备的管理、检测报告的管理和在线故障诊断的管理等功能，从而维护平台的正常运行，为用户提供优质的服务。

6.4.1　设备管理模块的实现

平台依托煤矿综采装备山西省重点实验室，下设油液检测与故障诊断实验室。实验室拥有油液检测设备 30 多台，可检测的油液性能指标有黏度、水分、酸值、颗粒度、闪点、倾点、泡沫性质等，此外还可对油液的污染度和磨粒进行检测。众多的检测设备从购买、使用、维护都需要一套完整的管理体系才可使实验室工作正常运行，为此，平台开发了设备管理模块，使管理员能够在线管理，达到了方便、快捷的目的。具体实现如下：

（1）设备采购管理流程如图6-17所示，收样员首先在线填写采购申请，经审核员和审批员网上审核批准之后，方可采购并将采购信息登记入库，否则不能进行采购。

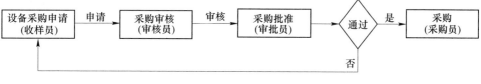

图6-17　设备采购流程

（2）设备使用管理流程如图6-18所示，实验员首先在线填写使用申请，经审批员批准同意后，领取检测仪器并填写使用登记表，待仪器使用完毕后填写归还登记。

图6-18　设备管理流程

6.4.2　报告管理模块的实现

机械设备润滑状态的监测需要两方面：实时的油液检测和设备的长期跟踪检测。为了满足实际需要，平台提供了实时检测报告查询和长期跟踪报告查询管理功能，具体实现如下：

（1）为保证检测结果的准确性，检测员严格按照国家标准进行检测；同时检测报告以盲样方式进行管理，管理员根据自己的权限等级进行各自的工作。报告管理流程如图6-19所示，用户在平台注册登录，同时网上在线申请并寄送油样后，收样员对油样进行编号、分类和任务分配；检测员接到油样后根据要求进行不同项目的检测并填写检测数据；审核员对检测数据进行分析并对油样和设备运行状况给出结论和合理化建议；批准人对所有检测数据进行最后的审核，若不合格，则返回数据重新检测和填写，若合格，则收样员为用户提供报告并录入数据库进行保存与管理，用户也可登录平台进行异地查看。所有过程通过平台在网上完成，系统将自动检测各个环节并反馈完成情况。

（2）机械设备润滑状态的监测需要长期跟踪，为满足实际需要，开发了跟踪报告查询功能。用户可以输入"报告编号""样品名称""送样人"等相关关键词就可进行模糊或精确查询。SQL 语言提供了查询语法，如：

Select ＊ from table1 where number like "％1％" or name like "％oil％"；

该语句表明，在 table1 中查询字段 number 中含有"1"或字段 name 中含有"oil"的所有记录。

6.4.3　故障诊断模块的实现

在线故障诊断功能模块的开发可以有效协助现场专家对设备润滑状态和磨损情况进行分析。目前该模块主要基于前期的研究基础，后期可对模块进行不断完善。通过将理论算法转化为计算机可以识别的语言，达到自动识别设备润滑状态和磨损情况的目的，充分利用了计算机高效的数据处理能力，大大提高了诊断效率。

6.4.3.1　理化指标诊断功能的实现

（1）诊断功能的逻辑结构。该诊断模块采用类似小型专家系统的结构设计，主要由人机交互接口、知识获取、知识库和诊断推理机等四部分组成。如图 6-20 所示，人机交互接口的功能主要是接收用户

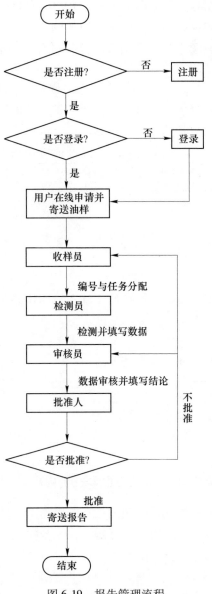

图 6-19　报告管理流程

或专家的信息，然后传输至内部处理器，最后将诊断结果输出到客户端供用户查看；知识库则主要存储并管理系统需要的所有资料，比如设备信息、专家经验、检测信息等，为系统诊断提供理论支持；推理机则扮演人类大脑的角色，模拟大脑的思维过程，将输入信息与知识库中知识进行对比推理，得出诊断结论。

（2）人机交互接口的实现。该模块用于联系用户与系统内部，为使用户操

作简便，采用 HTML、DIV+CSS 对客户端进行编码，用 Update Panel 和 MultiView 控件对表单进行处理，用 C#语言将输入信息传递到系统服务器并将诊断结果传输到客户端。

（3）知识库的建立，以掘锚机为例，如图 6-21 所示。

知识库中存储的知识数量和质量将决定整个诊断功能的性能。现以掘锚机知识库的建立为例进行说明。根据实际需要，知识应该包括专家经验、掘锚机结构、工况条件、各项监测指标信息、设备故障类型、原因以及解决方案等。专家

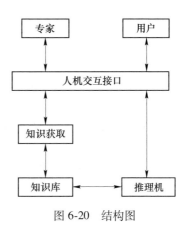

图 6-20　结构图

经验主要包括掘锚机的工作现场诊断经验；由于掘锚机运行状况受多种因素影响，故将多种检测信息与相对应的阈值结合起来综合评价其运行状态。由于掘锚机齿轮箱大多使用 L-CKD 型号的齿轮油，故各个检测指标的阈值设定主要依据国标 GB 5903—2011 和现场使用经验共同决定，表 6-5 列出了部分指标及与其对应的阈值。

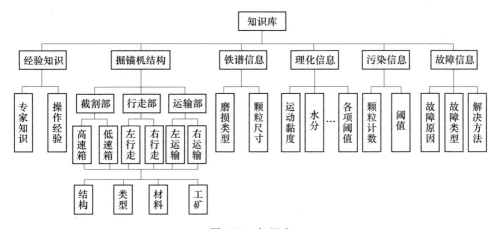

图 6-21　知识库

表 6-5　阈值表

指　　标	阈　　值
运动黏度（40℃）/mm^2·s^{-1}	变化率小于±15%
黏度指数	不小于 90
水分（质量分数）/%	小于 0.03%；大于 0.5%换油
总酸值/mgKOH·g^{-1}	酸值增量小于 1.0
机械杂质（质量分数）/%	含量小于 0.5
颗粒数	等级小于 8 级

在将知识转化为计算机语言的过程中，采用关系型数据库 SQL Server 存储。为将所有相关知识都合理地存储到知识库中，数据库中将分别建立多种存储表，比如油类表、掘锚机结构信息表、铁谱信息表、理化信息表、污染信息表、故障信息表、故障原因及维修信息表，等等。为使知识表达简洁且易扩展，将条件与结论分开表示，每一条件和每一结论都分别用一条记录表示，见表 6-6~表 6-8。在条件与结论之间，通过 7 位状态码进行连接，如"1030102"，"103"代表润滑油编号，"01"代表黏度监测项编号，"02"为设备状态编号。这样既可以满足简明和灵活，又可以很好的配合推理机进行推理。

表 6-6　油类数据表

类　　型	牌　　号	编　　码
齿轮油	L-CKB	101
齿轮油	L-CKC	102
齿轮油	L-CKD	103

表 6-7　条件数据表

序号	指标	条件	阈值	状态码
1	运动黏度	变化>15	15	1030102
2	运动黏度	变化<15	15	1030101
3	颗粒数	等级<8	8	1030201
4	颗粒数	等级>8	8	1030202

表 6-8　结论数据表

序号	状态码	原　　因	维修方法
1	1030102	变质，劣化	换油
2	1030101	—	正常
3	1030201	—	正常
4	1030202	磨损颗粒或污染物进入设备	检查过滤器

（4）推理机的实现。运用 SQL 语句模仿专家的推理过程，对知识库中各条知识进行搜查与配对，对实际问题进行正向推理求解，从而得到最佳的诊断结论，如图 6-22 所示为推理过程。

检测数据值输入系统后，与知识库中相应规则表和存储信号阈值的数据表进行对比后转换为 7 位状态码，其表示形式为：

if(thresholdvalue){conditioncode1} else {conditioncode2}...

其中 thresholdvalue 表示设置的阈值，conditioncode1 和 conditioncode2 表示状态码。

最后，通过 SQL 语言将得到的状态码在故障判据数据表中进行查询，表示形式为：

Select ＊ from FaultTab where code＝condtioncode1 or code＝conditioncode2 or...

其中，FaultTab 表示故障判据数据表。

如果查询结果为空，则表明数据值未能达到故障阈值，即处于正常状态；如果查询结果不为空，则表明出现一个或多个故障。

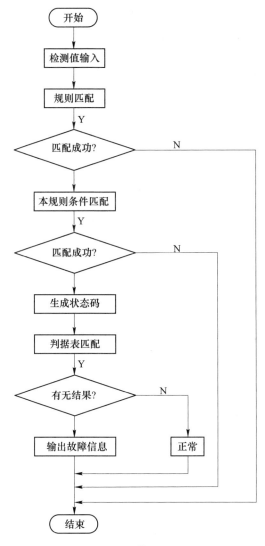

图 6-22　推理过程

6.4.3.2　铁谱回归模型检测功能的实现

该功能模块的实现方式与理化指标诊断功能模块类似，也是由人机交互界面、知识库、推理机等关键模块组成。

（1）人机交互界面的实现。交互界面也采用 HTML、DIV+CSS 进行编码，用

Update Panel 和 MultiView 控件对表单进行处理,用 C#语言将输入信息传递到系统服务器并将诊断结果传输到客户端。

(2) 知识库的建立。知识库主要承担用户输入的数据、系统中间计算数据变量和结果预测数据的存储和管理。因此,内容设置相对简单,主要建立回归参数信息表、中间计算变量信息表和诊断结果信息表等。

(3) 推理机的实现。首先,输入 n 个原始油样的大、小磨粒浓度的测量值,输入加权系数值,输入修改模型需要的好转次数恶化次数,点击"建立模型",系统将自动建立预测回归模型;以后每输入一个新的油样值,系统将应用三线值理论对样本的磨损烈度指数进行计算,得出相应的正常、好转、恶化、警告等状态的界限值,通过与这些值的对比分析输出相应的预测结果。预测算法程序如图 6-23 所示。

```
//计算并比较
double al2, IS_;
al2 = Convert.ToDouble(al) - (Convert.ToDouble(k) * Convert.ToDouble(as1) + Convert.ToDouble(c));
if (al2 > Convert.ToDouble(q))
{
    st = "警告,恶化";
}
else
{
    if (al2 < -Convert.ToDouble(q))
    {
        st = "情况好转";
    }
    else
    {
        st = "正常状态";
    }
}
//磨损严重程度Is
IS_ = Convert.ToDouble(al) * (Convert.ToDouble(al) - Convert.ToDouble(as1));
if (IS_ < Convert.ToDouble(IS))
{
    st1 = "正常状态";
}
else
{
    if (IS_ < Convert.ToDouble(IS2))
    {
        st1 = "注意";
    }
    else
    {
        if (IS_ < Convert.ToDouble(IS3))
        {
            st1 = "警告";
        }
        else
        {
            st1 = "危险";
        }
    }
}
st = st + st1;
```

图 6-23　预测算法程序

6.5 网络平台的测试与应用

系统平台从搭建完成到实际应用还需经历一个必要环节,即平台测试。通过平台测试,开发人员可以找出系统运行时存在的错误与不足,从而进行系统的改进与完善,以便满足用户的实际需求,避免因系统运行错误而给用户带来不必要的损失。

6.5.1 平台测试

在系统平台测试时,首先应该明确测试的目的和测试所应遵守的原则;在此基础上,再根据平台实现的功能要求设计测试的内容,选择合适的测试方法与步骤;然后对系统平台进行实例测试并作好记录;最后,对系统出现的错误与不足进行分析与总结,并采取相应的措施改进和完善平台的不足之处。

6.5.1.1 测试目的与原则

随着互联网与计算机技术的飞速发展,基于 Web 的应用程序因具有方便、快捷、易操作等优点成为应用开发的重点。随着 Web 应用程序使用的增多,并结合了诸如 HTML、JavaScript、Database、Network 等新技术,对其性能测试要求也越来越多。

系统平台测试的主要目的是:由于程序中可能存在着一些无法提前预料的问题,只有在运行的特定环境下才可能暴露出来,故对平台进行测试,以及时找出平台运行过程中出现的错误,分析错误出现的原因,比如操作环境的问题、输入数据不合法的问题等,以便让开发人员根据出现错误的原因及时采取相应的措施修改程序,维护平台的正常运行,提高平台的稳定性。如图 6-24 所示为平台测试的流程图。

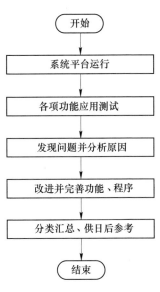

图 6-24 测试流程图

明确了测试目的后,平台测试还需遵循一定的标准与原则,例如:

(1)部分与整体测试。在开发过程中,首先应该对每个功能模块进行测试分析,及时找出问题所在,然后进行功能改进;然后在所有功能模块完成并测试成功后,再对集成后的平台进行测试。这样就可以很容易判断问题出现的原因,减少不必要的时间和精力的浪费。

(2)选择合适的测试人员。在平台测试时,往往测试人员与开发人员不是同一个人。开发人员往往会带有主观感觉，并不能以用户的角度进行测试，从而很难发现系统的错误与漏洞。

（3）制定合理的测试方案。平台的测试要根据平台服务的对象、实现的功能来制定合理的测试方案。从用户的角度考虑，寻找可能会出现的问题，比如注册登录和表单填写时数据的输入、提交、浏览器的刷新等问题。这样就可以在最短的时间找到最多的问题，提出有效的解决方法。

（4）做好测试记录。在测试过程中，要做好测试方案、测试内容、测试结果、解决方法等的记录工作，然后进行分类汇总，为以后平台的开发和维护提供借鉴与参考。

6.5.1.2　测试内容与方法

平台测试有静态和动态两种。静态是由人工来检查代码，从而发现并改正问题；动态是在执行程序代码的前提下，通过分析程序运行结果与期望结果的差异寻找问题出现的原因，并根据原因查找代码的错误，进而改进和完善程序。一般情况下，首先对系统平台进行动态测试，在发现问题后，再进行静态测试，分析出现问题的具体原因，进而对程序代码进行修正。

动态测试包括白盒测试和黑盒测试。白盒测试是依据程序代码的内部逻辑实现结构进行测试的，即直接运行程序源代码检查内部逻辑是否正常，是否按照设计来开发平台，然后修改错误；黑盒测试是不考虑系统平台的内部结构和内部处理过程，即不直接通过检查程序的源代码进行测试。本系统平台的测试采用黑盒方式进行测试。

在对系统平台的测试方法选定之后，就应该确定系统平台的测试内容。平台测试的主要工作就是确保平台的功能能够顺利运行，程序可以正常执行，同时保证平台内部逻辑的正确性。具体测试内容如下：

（1）界面测试。用户界面就是平台可见的外观及与用户实现交互的部分，包括页面背景、导航、对话框、文字、图片、窗口和其他应用控件等。主要测试用户界面的风格是否保持一致、是否符合用户的要求，页面是否整洁，导航是否清晰，操作是否简洁方便，文字、图片是否正确，以及页面的其他元素是否符合人性化设计。

（2）功能测试。主要测试系统平台的各个功能模块是否能够正常运行，结果是否达到了设计要求，主要包括数据库的查询与调用、表单的验证与提交、用户访问权限的限制、Cookies 信息的传递与存储、文档的下载、各个链接的访问，等等。

（3）性能测试。主要测试在集中访问下平台的响应时间和功能的完成情况，即承受压力的能力。

（4）兼容性测试。由于用户对平台的登录访问需要在客户端的浏览器上进行，因此，需要测试平台在不同操作系统下的运行情况和在不同浏览器中的运行情况，保证平台的每个功能模块都能够正常运行。

（5）安全性测试。在平台运行过程中，主要测试其执行程序的稳定性，保证响应速度快，承受负载能力强，同时可以抵御外来程序代码的干扰；其次，测试数据库连接的安全性，保证数据访问的准确性和高效性。

6.5.1.3 测试实例

在平台运行情况下，对其进行各项性能的测试，检查其是否满足预期需求，是否可以真正为用户提供服务。测试的环境为：服务器操作系统是 Windows7 Service Pack 1，处理器是 Intel（R）Xeon（R）CPU 3.00GHz，内存为 8.00GB，64位操作系统；数据库为 Microsoft SQL Server Management Studio。客户端浏览器使用 360 极速浏览器 9.0，Internet Explorer 10.0 以上。实际测试实例很多，在此仅列出其中几个相关实例作为说明。

A 用户界面测试

如图 6-25、图 6-26 所示为平台的主页与管理页面。平台以黄色为背景色，符合油液的工程背景，整个平台风格一致，让用户有一个舒适的视觉体验；页面布局也合理，从上到下，从左到右，依次按主次排列，且每部分都列出其主要内容，使用户可以第一时间掌握平台的主要内容并可以很快寻找到自己感兴趣的部分；整个平台页面文字正确、图片大小合适，给用户友好的体验；通过点击各个导航栏目可以测试出平台无空链接和无效链接，导航清晰且各项栏目操作简单快捷。

B 功能测试

登录与注册模块作为是否可以正常访问整个系统平台各项功能的入口，故以此模块为例进行测试。如图 6-27 所示为平台注册页面。

注册模块主要测试平台表单提交和数据库连接情况：

（1）如果不输入数据，预期结果提示表单不能为空，请输入相应数据。

（2）如果输入错误的验证码，预期结果提示请输入正确的验证码。

（3）如果输入不符合规则的字符，预期结果提示符合规则的字符。

（4）如果输入已经注册过的邮箱，预期结果提示邮箱已注册。

（5）如果正确填写表单内容并点击【立即注册】按钮，预期结果提示注册成功。

详细测试实例见表 6-9。

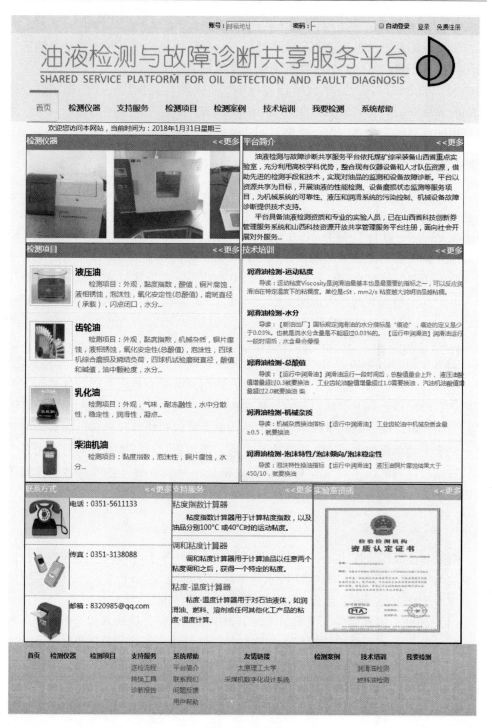

图 6-25　主页

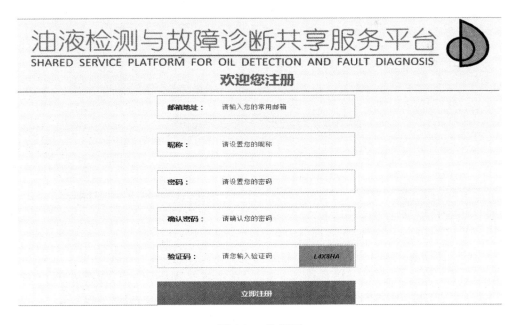

图 6-26 管理页

图 6-27 注册页

表 6-9   详细测试实例表

模块名称	平台用户注册	功能特性	用户注册
测试目的	测试平台注册表单提交和数据库连接问题		
步骤	输入数据	预期结果	是否实现
1	表单为空，点击注册按钮	提示不能为空，请输入数据	是
2	仅验证码填写错误	提示请输入正确的验证码	是
3	仅邮箱地址栏填写不符合规则	提示请输入正确的邮箱地址	是
4	已注册过的邮箱地址，再次注册	提示邮箱已注册，请重新填写	是
5	表单填写正确，点击注册按钮	提示注册成功	是

测试结果界面如图 6-28 所示。

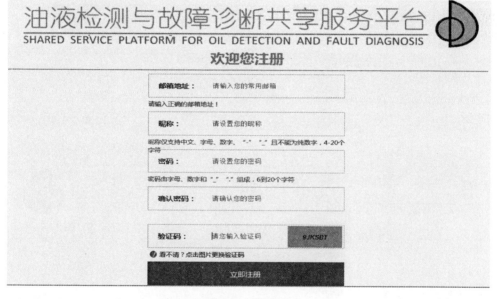

图 6-28   测试页

登录模块主要测试平台数据库连接、数据修改、Cookies 数据存储、用户访问权限等内容。具体测试如下：

（1）当账号和密码输入有误时，系统提示错误信息。

（2）当输入正确账号和密码，不选择【自动登录】时，下次访问平台需要重新进行账号和密码登录操作；反之，系统将账号和密码自动保存在客户端 Cookies 信息中，用户下次访问平台时系统将自动登录账号，无须手动登录。

（3）当登录成功后，用户可进入修改页面对基本信息进行调整；当修改完成后，系统将跳转至信息修改完成提示窗口，用户信息在数据库中得到修改并保存，同时防止因浏览器前进后退导致信息多次提交和修改。

（4）平台中有些功能模块需要不同的权限才可进行访问，如当不登录时，支持服务模块将无内容并提示"请您注册并登录后访问"；当用户登录后，系统将显示支持服务栏目的内容。如图6-29所示。

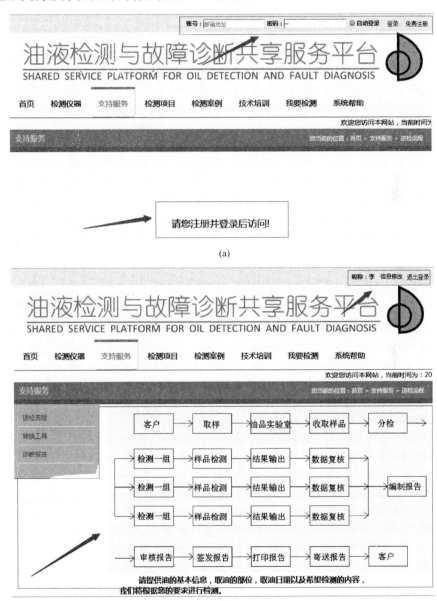

图6-29　权限测试

（a）登录前；（b）登录后

（5）文档下载功能，点击相应文档进行下载，如图 6-30 所示。

图 6-30　下载测试

详细测试实例见表 6-10。

表 6-10　详细测试实例表

模块名称	平台用户登录模块	功能特性	用户登录
测试目的	测试数据库连接、数据修改、Cookies 数据存储、用户访问权限、文档下载等		

步骤	操作	预期结果	是否实现
1	账号和密码输入有误	提示输入有误	是
2	不选择自动登录	下次访问平台需要重新进行账号和密码登录操作	是
3	选择自动登录	用户下次访问平台时，系统将自动登录账号无须手动登录	是
4	登录成功后，点击信息修改按钮进行信息修改	修改成功后，提示信息提交成功	是
5	用户不登录	支持服务模块无内容并提示"请您注册并登录后访问"	是
6	用户登录	系统显示支持服务栏目的内容	是
7	点击文档下载按钮	文档可顺利下载	是

导航栏目主要测试平台是否有空链接、无效链接和 Session 传值情况。具体测试如图 6-31 所示。

（1）点击导航中各个栏目进入对应页面，查看各个链接 URL 是否正确，如点击【检测仪器】栏目，如图 6-31 所示。

（2）在检测仪器栏目下，点击各个仪器照片进入仪器详情页面，查看 Session 传值是否正确，如图 6-32 所示。

详细测试实例见表 6-11。

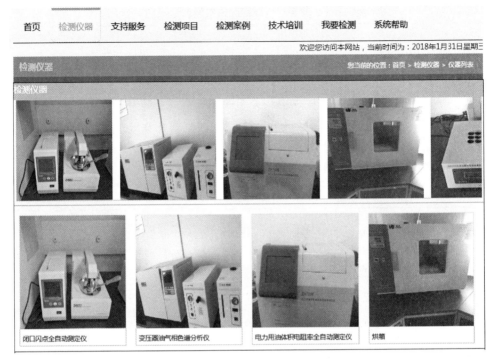

图 6-31　链接测试

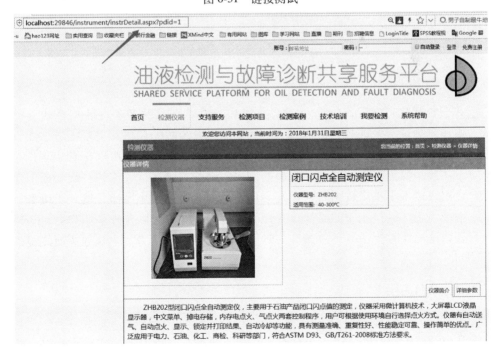

图 6-32　Session 测试

表 6-11　详细测试实例表

模块名称	平台导航模块	功能特性	导航链接
测试目的	测试平台链接情况和 Session 传值情况		
步骤	操作	预期结果	是否实现
1	点击导航中各个栏目	可链接到相应页面，无空连接	是
2	点击闭口闪点全自动测定仪照片	通过 Session 传值进入详情页面	是

（3）其他项测试。平台可以兼容 360 极速浏览器 9.0 以上，Internet Explorer 10.0 以上的主流客户端浏览器。

表 6-12 中列出了详细测试实例。

表 6-12　详细测试实例表

类型	兼容性测试	负载测试	压力测试
测试条件	测试平台是否可以在不同类型的客户端浏览器中显示完整的页面信息和实现相应的功能	测试平台在某时刻用户的访问数量。测试用户在线数据量	测试平台在运行过程中规避风险的能力
测试步骤	让用户在 IE、360 等不同的浏览器中打开平台。进入平台的各个功能模块中，查看功能是否可以正常实现	让较多的用户打开并访问平台，对平台各项功能进行操作，查看其响应情况	在大量用户的客户端浏览器中同时打开平台的某一页面，并进行相关的操作，查看其响应情况
预期结果	平台各项功能可以在 IE、360 等主流浏览器中正常运行	在较多用户访问量的情况下，平台仍然可以顺利运行	平台可以在不同客户端快速响应用户的操作
实现	是	是	是

6.5.1.4　测试结果与分析

在平台开发完成后，依据上述的方法和步骤对平台的各项性能指标进行测试。通过对测试结果进行分析可知，平台界面具有统一的风格，美观大方、布局合理、操作简单快捷、符合用户的审美需求；在功能上，平台可以正常实现用户的登录注册、检测报告的查询、页面的访问、设备的管理、故障的在线诊断等功能，在用户输入不正当数据时，系统会自动提示错误并终止操作，输入正确数据时，系统可正确执行相应的操作；在性能安全上，平台可以允许多用户登录访问并保证数据的实时传递，不丢失；同时，用户可以在包括 IE、360 等主流浏览器上访问平台。

6.5.2　平台应用

通过对"油液检测与故障诊断共享服务平台"进行测试，表明了平台在功能上和内部逻辑上已经达到了设计要求，接下来的任务就是通过实际应用进一步检验和完善平台的功能。

平台以互联网为桥梁，使企业与高等院校、科研机构可以突破时间和地域的限制，实现数据信息的交流与合作。平台借助互联网信息资源共享的优势，可以为中小微企业提供油液检测理论辅导和技术培训，同时可提供最新研究成果供企业借鉴使用。企业可以借助平台建立的桥梁，将设备的油液寄送到实验室或科研机构进行检测与诊断，检测数据可由研究机构与企业的人员共同分享并对设备进行分析，同时可为科研机构提供宝贵的现场经验和数据。这样既可以解决生产企业技术力量和理论不足的问题，又可以为科研院所提供更准确、更有效的设备运行现场数据资源，充实智能诊断知识库和数据库。

6.5.2.1 管理应用

在恶劣的设备运行环境下，油液监测担当着设备润滑剂管理的重要作用，如对新油的质量验收和对在用油的理化监控。具体作用为：

（1）对新油进行质量验收，防止各类伪劣油混入，保证设备正常润滑与运转。

（2）对在用油进行理化监控，确定合理的换油周期。

（3）可为机器的选油、换油提供有效的建议，提高机器的使用寿命。

如图 6-33 所示为油液检测分析流程图。企业用户首先根据设备运行情况，通过平台在线检测申请与科研机构取得联系，共同制定设备油样检测项目和维护措施，并将设备油样寄送至检测实验室；实验工作人员将设备的油样经过专业仪器检测其理化指标、磨粒浓度、磨粒形貌及磨粒尺寸等项目；然后油液分析专家利用平台诊断功能及自身的专业知识分析检测数据，对设备润滑状态和在用油的性能做出判定；最后整理检测数据形成设备的诊断报告，供企业用户参考，以掌握设备的运行状态，对在用油进行管理，及时做到设备的维护工作，避免事故发生带来不必要的损失。

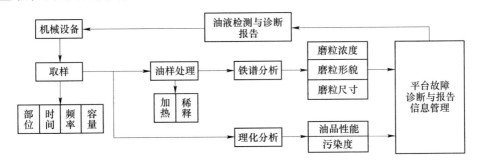

图 6-33　油液分析流程图

具体操作如下：

（1）企业用户登录平台，填写在线申请表单并寄送油样，如图 6-34 所示。

（2）管理员接收申请，并将油样分配给实验员进行检测。

（3）实验员检测完毕后提交检测数据，由专家或诊断系统对数据进行分析判断得出结论，如图 6-35 所示。

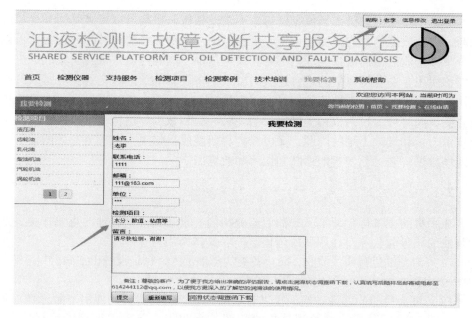

图 6-34　在线申请

报告编号为：N01的油样报告需要您去审核批准！

报告编号：N01

审核

检验检测报告单

样品名称	齿轮油	规格型号	美孚320#
生产单位	***	商标	**
委托单位	**	样品批次	甲
样品数量	300ml	样品等级	**
检验类别	**	送样人	老李
样品描述	棕色透明	到样日期	2017/12/10
检验依据	国标		
检验项目	水分、粘度、酸值		
仪器设备	水分测定器、运动粘度测定仪、酸值测定仪		

检测项目	单位	标准规定	检验结果	单项判定
水分	mg/kg	<500	71	合格
酸值	mgKOH/g	/	0.84	合格
运动粘度(40℃)	mm2/s	272~368	333.6	合格

是否批准检验项目：
批准
不批准

润滑油理化指标基本正常，磨损情况正常。
油可继续使用，但需加强过滤净化，建议清洗过滤器滤芯。

检验结论：
是否批准检验结论：
批准
不批准

录入

图 6-35　报告批准

（4）管理员将所有数据整理完毕后，对报告在线提交并保存于平台，同时将纸质报告寄送给用户。

（5）用户可以通过平台随时随地进行报告的查询，第一时间掌握设备的运行状态，如图6-36所示。

图6-36 报告查询

6.5.2.2 诊断应用

根据平台功能设计，采用不同的诊断方法处理检测数据，从而实现设备故障自动识别。平台的诊断能力、知识的获取和推理的优化，需要通过实际的应用过程不断提高和完善。以某煤矿掘锚机截割齿轮箱油为例进行诊断应用分析。取其齿轮油进行理化性能、污染度和铁谱等几项检测后，发现机械杂质含量超标；铁谱仪分析知磨粒尺寸较大，多为疲劳磨损颗粒。将分析数据经人机交互界面输入系统后，点击"开始诊断"，结果显示为：齿轮箱密封部件损坏；由于工作负荷过大导致齿轮磨损增加。经现场检查发现齿轮箱密封垫圈破损且齿轮表面磨损严重，通过过滤换油、更换密封垫圈和齿轮后，设备恢复正常的运行。实例结果如图 6-37 所示。

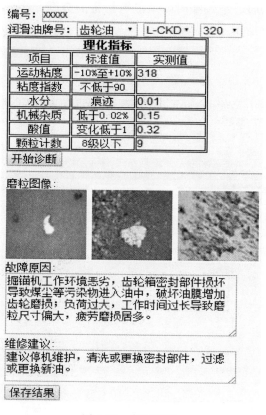

图 6-37　实例结果

6.6　小结

（1）本章主要论述了油液检测与故障诊断共享服务平台的开发过程。首先针对系统平台的整体方案进行了设计；其次，根据实际需要设计了各个功能模块；接着详细阐述了实现各功能所涉及的关键技术；最终，开发了可以满足实际需求的系统平台。

（2）对平台进行了测试和实例实用。首先论述了平台测试的目的、所遵循的原则以及测试的方法步骤；然后按照测试步骤对平台进行了测试，最后通过测试结果分析可知，平台的各项功能模块都可以正常工作，达到了预期设定的目标。在此基础上，对平台的实际应用从油液检测报告与设备的信息管理和故障的在线诊断两个功能进行了详细的介绍，表明了平台的实用性价值。

参 考 文 献

［1］ 张培林，李兵，徐超．齿轮箱故障诊断技术的油液振动信息融合方法［M］.北京：机械工业出版社，2011.

［2］ 李蓉．齿轮箱复合故障诊断方法研究［D］.长沙：湖南大学，2013.

［3］ 冷军发，荆双喜，禹建功．基于小波双谱的矿用齿轮箱故障诊断［J］.煤炭学报，2010（7）：1212-1214.

［4］ 刘丽军，黄晋英，王昊静．基于ICA的齿轮箱故障诊断研究［J］.煤矿机械，2010（4）：252-254.

［5］ 李益民，杨百勋，史志刚，等．汽轮机转子事故案例及原因分析［J］.汽轮机技术，2007，49（1）：66-69.

［6］ Gu Y J, Xu J. Analysis on Torsional Stresses in Turbo-Generator Shafts due to Two-Phase Short-Circuit Fault［C］//Applied Mechanics and Materials. Trans Tech Publications，2013，397：427-430.

［7］ 温诗铸，黄平．摩擦学原理［M］.4版.北京：清华大学出版社，2012.

［8］ 詹胜鹏．微纳尺度接触和摩擦过程力学行为分子动力学及多尺度模拟研究［D］.昆明：昆明理工大学，2013.

［9］ Bowden F P, Tabor D. The friction and lubrication of solids［M］. New York：Oxford Univ. Press，1950.

［10］ Israelachvili J N. Microtribology and microrheology of molecularly thin liquid film［M］. New York：CRC Press LLC，2001.

［11］ 张睿．添加镍元素对钛铜合金力学与腐蚀磨损性能的影响规律［D］.太原：太原理工大学，2017.

［12］ 周海滨．粉末冶金摩擦材料特征摩擦组元与铜基体的界面及其对摩擦磨损机理影响研究［D］.长沙：中南大学，2014.

［13］ 袁红霞，常孝坤，郭羽，等．状态监测技术的应用与研究［J］.内蒙古石油化工，2010，36（10）：139-141.

［14］ 周俊丽，张驰．基于油液分析的主动维修在综采设备管理中的应用［J］.兵器装备工程学报，2012，33（10）：148-149.

［15］ 梁劲翌．酸值定量分析法在润滑油性能判断中的应用［J］.石油化工腐蚀与防护，2016，33（1）：53-56.

［16］ 王立东，石成江．光谱与铁谱的原理及其在设备诊断中的应用［J］.哈尔滨轴承，2008，29（3）：52-55.

［17］ 叶超．基于铁谱技术的机械磨损故障诊断研究［D］.昆明：昆明理工大学，2009.

［18］ 陈贤冲，许斌，娄飞，等．油液分析技术在船用设备监测诊断中的应用［J］.中国修船，2012，25（6）：31-34.

［19］ 欧阳以燃，孙芳园．光谱监测技术的研究与应用［J］.中国新技术新产品，2015（3）：8.

［20］ 周梦华．柴油机磨合过程中油液光谱数据算法研究［D］.大连：大连海事大学，2011.

［21］ Wang W. A prognosis model for wear prediction based on oil-based monitoring ［J］. Journal of the Operational Research Society, 2007, 58（7）: 887-893.

［22］ Akbay, Ruchti, Carlson. Using neural networks for selecting input probability distributions ［C］//Proceedings for ANNIE'92, 1992: 617-622.

［23］ Kalin M, Vižintin J, Novak S, et al. Wear mechanisms in oil-lubricated and dry fretting of silicon nitride against bearing steel contacts ［J］. Wear, 1997, 210（1-2）: 27-38.

［24］ 徐启圣. 智能化多规则油液综合故障诊断理论及方法的研究 ［D］. 上海: 上海交通大学, 2007.

［25］ 刘剑锋. 基于油液分析的重负荷齿轮磨损状态评判的研究 ［D］. 昆明: 昆明理工大学, 2008.

［26］ 张冠楠. 磨粒对不同服役阶段润滑油的摩擦学性能影响 ［J］. 中国表面工程, 2012（3）: 98-103.

［27］ 王崇苗. 基于机油检测方法动车组内燃机磨损分析系统研究 ［D］. 大庆: 东北石油大学, 2013.

［28］ 彭润玲, 刘官, 曾群锋. 抗磨添加剂对不同服役阶段润滑油摩擦学性能的影响 ［J］. 润滑与密封, 2014（12）: 24-28.

［29］ 刘宇航. 采煤机传动齿轮接触疲劳性能及其磨损状态检测研究 ［D］. 徐州: 中国矿业大学, 2015.

［30］ 李龙. 正交面齿轮传动的润滑分析 ［D］. 南京: 南京航空航天大学, 2007.

［31］ 张增强. 润滑油黏度对齿轮接触疲劳寿命影响的研究 ［D］. 太原: 太原理工大学, 2008.

［32］ 潘冬, 赵阳, 李娜, 等. 齿轮磨损寿命预测方法 ［J］. 哈尔滨工业大学学报, 2012, 44（9）: 29-33.

［33］ 陈立锋, 吴晓玲, 秦大同. 基于时变模型的齿轮啮合过程润滑状态研究 ［J］. 润滑与密封, 2010, 35（2）: 44-47.

［34］ 董辉立. 油润滑渐开线斜齿轮摩擦动力学特性及疲劳寿命预估 ［D］. 北京: 北京理工大学, 2014.

［35］ 鞠彤晖. 汽车传动齿轮箱润滑问题研究 ［D］. 长春: 吉林大学, 2015.

［36］ 王胜伟. 边界润滑状态下面齿轮传动的失效机理研究 ［D］. 株洲: 湖南工业大学, 2015.

［37］ 徐启圣, 许泽银, 徐厚昌. 基于油液降噪信息的发动机磨损多特征分析研究 ［J］. 中国机械工程, 2010, 21（12）: 1405-1409.

［38］ 李岳, 吕克洪. 主成分分析在铁谱磨粒识别中的应用研究 ［J］. 国防科技大学学报, 2004, 26（1）: 89-94.

［39］ 李岳, 温熙森, 吕克洪. 基于核主成分分析的铁谱磨粒特征提取方法研究 ［J］. 国防科技大学学报, 2007, 29（2）: 113-116.

［40］ 王国德, 张培林, 傅建平, 等. 基于非线性流形学习的磨粒特征提取方法 ［J］. 润滑与密封, 2012, 37（1）: 36-39.

［41］ 徐明新, 沙明元, 齐梦学. TBM 油液铁谱与光谱的数据处理 ［J］. 同济大学学报（自然

科学版），2001，29（12）：1429-1433.

[42] 任国全，张培林. 装备油液智能监控原理［M］. 北京：国防工业出版社，2006.

[43] 万耀青，郑长松，马彪. 原子发射光谱仪作油液分析故障诊断的界限值问题［J］. 机械强度，2006，28（4）：485-488.

[44] 张永国，张子阳，费逸伟. 航空发动机润滑油光谱分析界限值动态调整问题研究［J］. 润滑与密封，2009，34（6）：89-92.

[45] Yilmaz A, Sabuncuoglu I. Input data analysis using neural networks ［J］. Simulation Transactions of the Society for Modeling & Simulation International，2000，74（3）：128-137.

[46] 陈志英. 航空发动机滑油监视与诊断系统软件研制［J］. 推进技术，1998，19（5）：52-54.

[47] 任国全，张英堂，吕建刚，等. 润滑油磨粒浓度预测模型研究［J］. 润滑与密封，1999（4）：45-47.

[48] 严新平，谢友柏，李晓峰，等. 一种柴油机磨损的预测模型与试验研究［J］. 摩擦学学报，1996，55（4）：358-366.

[49] 梁华，杨明忠，陆培德. 用人工神经网络预测摩擦学系统磨损趋势［J］. 摩擦学学报，1996（3）：267-271.

[50] 吴明赞，陈森发. 应用灰色系统模型进行船舶柴油机磨损趋势分析［J］. 系统工程理论与实践，2001，21（8）：102-105.

[51] 张红，龚玉. 磨损趋势预测的 GM 模型应用［J］. 机械设计与研究，2001（1）：69-70.

[52] 吴晓兵，徐春龙. 光谱油料分析故障诊断对柴油机磨损的应用研究［J］. 车用发动机，1999（3）：55-58.

[53] 杨叔子. 时间序列分析的工程应用［M］. 武汉：华中理工大学出版社，1991.

[54] 内特. 应用线性回归模型［M］. 北京：中国统计出版社，1990.

[55] 虞和济. 设备故障诊断工程［M］. 北京：冶金工业出版社，2001.

[56] 陈果. 航空发动机磨损故障的智能融合诊断［J］. 南京航空航天大学学报（英文版），2006，23（4）：297-303.

[57] 赵方. 油液分析多技术集成的特征与信息融合［J］. 摩擦学学报，1998，18（1）：45-52.

[58] 陈果. 基于神经网络和 D-S 证据理论的发动机磨损故障融合诊断［J］. 航空动力学报，2005，20（2）：303-308.

[59] 陈果，左洪福，杨新. 基于神经网络的多种油样分析技术融合诊断［J］. 摩擦学学报，2003，23（5）：431-434.

[60] 李应红，尉询楷. 航空发动机的智能诊断、建模与预测方法［M］. 北京：科学出版社，2013.

[61] Chowdhury S K R, Kaliszer H, Rowe G W. An analysis of changes in surface topography during running-in of plain bearings ［J］. Wear，1979，57（2）：331-343.

[62] 孔凌嘉，谢友柏. 缸套-活塞环摩擦学系统漏气与润滑和摩擦与磨损的计算［J］. 内燃机学报，1992（3）：267-274.

[63] Bouyer J, Fillon M. An Experimental analysis of misalignment effects on hydrodynamic plain

journal bearing performances [J]. Journal of Tribology, 2002, 124 (2): 313-319.

[64] 孙军, 桂长林, 李震, 等. 计及轴颈倾斜的径向滑动轴承流体动力润滑分析 [J]. 中国机械工程, 2004, 15 (17): 1565-1568.

[65] 孙军, 桂长林, 李志远. 轴变形产生的轴颈倾斜对滑动轴承润滑影响的试验研究 [J]. 机械工程学报, 2006, 42 (7): 159-163.

[66] Kraker A D, Ostayen R A J V, Rixen D J. Calculation of stribeck curves for (water) lubricated journal bearings [J]. Tribology International, 2007, 40 (3): 459-469.

[67] 袁成清, 王志芳, 周志红, 等. 不同磨损形式下的滑动轴承磨损表面及其磨粒特征 [J]. 润滑与密封, 2008, 33 (12): 21-24.

[68] Nikolakopoulos P G, Papadopoulos C A. A study of friction in worn misaligned journal bearings under severe hydrodynamic lubrication [J]. Tribology International, 2008, 41 (6): 461-472.

[69] Wu T H, Mao J H, Dong G N, et al. Journal bearing wear monitoring via on-line visual ferrography [J]. Advanced Materials Research, 2008, 44-46: 189-194.

[70] Sano T, Nakasone T, Katagiri T, et al. A study on wear progress of plain bearing under mixed lubrication condition [J]. Sae International Journal of Engines, 2011, 4 (1): 569-580.

[71] Bartel D, Bobach L, Illner T, et al. Simulating transient wear characteristics of journal bearings subjected to mixed friction [J]. ARCHIVE Proceedings of the Institution of Mechanical Engineers Part J Journal of Engineering Tribology 1994-1996 (vols 208-210), 2012, 226 (12): 1095-1108.

[72] 宋卫国, 马金奎, 路长厚. 阶跃载荷作用下滑动轴承的瞬态特性 [J]. 济南大学学报 (自然科学版), 2011, 25 (4): 392-395.

[73] Chasalevris A, Dohnal F, Chatzisavvas I. Experimental detection of additional harmonics due to wear in journal bearings using excitation from a magnetic bearing [J]. Tribology International, 2014, 71 (1): 158-167.

[74] 武通海, 彭业萍, 盛晨兴, 等. 基于在线铁谱图像的磨损机理智能辨识 [J]. 机械工程学报, 2014 (5): 212.

[75] 邓海峰. 水润滑橡胶合金轴承的寿命分析研究 [D]. 重庆: 重庆大学, 2014.

[76] Sander D E, Allmaier H, Priebsch H H, et al. Edge loading and running-in wear in dynamically loaded journal bearings [J]. Tribology International, 2015, 92: 395-403.

[77] 杨国安. 滑动轴承故障诊断实用技术 [M]. 北京: 中国石化出版社, 2012.

[78] Yu Z G, Li H M, Wang B G, et al. Study on wear life prediction method of cylinder liner in internal combustion engine [J]. Transactions of Chinese Society for Internal Combustion Engines, 2004, 22 (5): 476-479.

[79] 周玉辉, 康锐, 苏荔, 等. 基于加速磨损试验的止推轴承磨损寿命预测 [J]. 北京航空航天大学学报, 2011, 37 (8): 1016-1020.

[80] Zhang X, Shang J, Chen X, et al. Wear-life models for self-lubricating spherical plain bearing [J]. Journal of National University of Defense Technology, 2013, 35 (6): 53-59.

[81] 唐雄伟. 滚动转子式压缩机曲轴/滚子接触应力分析及磨损寿命预测 [D]. 武汉: 华中科技大学, 2014.

[82] 董从林. 水润滑艉轴承的可靠性寿命评估 [D]. 武汉：武汉理工大学，2010.

[83] 王丽，唐光庆，邓海峰. 水润滑艉轴承的磨损寿命研究 [J]. 润滑与密封，2016 (2)：96-99.

[84] 霍威. 风电齿轮箱在线油液磨粒检测系统研究 [D]. 北京：北京交通大学，2014.

[85] 史训兵，熊志刚. 基于在线油液磨粒检测的风电机组齿轮箱磨损状态监控 [J]. 机械传动，2014 (10)：74-77.

[86] 袁洪芳，江志农. FMS 故障诊断专家系统知识获取子系统的开发 [J]. 北京化工大学学报 (自然科学版)，2002，29 (4)：68-71.

[87] 杨忠，左洪福. 基于规则的 MCD 磨粒信息诊断专家系统 [J]. 南京工程学院学报，2002，2 (1)：6-9.

[88] Wang W, Tse P W. Remote machine monitoring through internet and mobile communication using XML [C] // ASME 2005 International Design Engineering Technical Conferences and Computers and Information in Engineering Conference，2005：551-557.

[89] Wang W, Tse P W, Lee J. Remote machine maintenance system through Internet and mobile communication [J]. International Journal of Advanced Manufacturing Technology，2007，31 (7-8)：783-789.

[90] Verma N K, Singh S, Gupta J K, et al. Smartphone application for fault recognition [C]. International Conference on Sensing Technology. IEEE，2013：1-6.

[91] 刘春立. 基于 Web 的煤矿设备维修管理系统的实现 [J]. 煤矿机械，2012，33 (8)：292-294.

[92] 郇峰，王学文，丁华，等. 采煤机零件网络参数化 CAD 系统设计 [J]. 机械设计与制造，2015 (2)：194-197.

[93] 谢嘉成，杨兆建，王学文，等. 基于 Web 的煤矿采掘运提装备虚拟拆装与仿真系统设计 [J]. 矿山机械，2015 (1)：120-125.

[94] 王俊明，王学文，李娟莉，等. 基于 Web 的煤矿机械 CAE 技术与系统设计 [J]. 矿山机械，2015 (2)：101-105.

[95] 刘家兴，岳东杰，梅红，等. 偏最小二乘回归在 GPS 高程拟合中的应用 [J]. 工程勘察，2012，40 (8)：60-62.

[96] 谢宜，宋振海，史日安. 排水型深 V 型船形因子的偏最小二乘回归分析与建模 [J]. 系统工程理论与实践，2013，33 (6)：1628-1632.

[97] 王惠文. 偏最小二乘回归方法及其应用 [M]. 北京：国防工业出版社，1999.

[98] 许凤华. 偏最小二乘回归分析中若干问题的研究 [D]. 济南：山东科技大学，2006.

[99] 秦蓓蕾，王文圣，丁晶. 偏最小二乘回归模型在水文相关分析中的应用 [J]. 四川大学学报 (工程科学版)，2003，35 (4)：115-118.

[100] 张兵，黄文生，王荣. 基于偏最小二乘回归的作物腾发量预测模型研究 [J]. 湖北农业科学，2013，52 (22)：5596-5598.

[101] Diaz J M R, Sundarrajan L, Kariluoto S, et al. Partial least squares regression modeling of physical and chemical properties of corn-based snacks containing kañiwa and lupine [J]. Journal of Food Process Engineering，2017，40 (2).

[102] Mahanty B, Yoon S U, Kim C G. Spectroscopic quantitation of tetrazolium formazan in nano-toxicity assay with interval-based partial least squares regression and genetic algorithm [J]. Chemometrics & Intelligent Laboratory Systems, 2016, 154: 16-22.

[103] 庞新宇. 多支承转子系统轴承载荷与振动耦合特性研究 [D]. 太原：太原理工大学, 2011.

[104] 张鄂. 铁谱技术及其工业应用 [M]. 西安：西安交通大学出版社, 2001.

[105] 邱明, 陈龙, 李迎春. 轴承摩擦学原理及应用 [M]. 北京：国防工业出版社, 2012.

[106] 陈华友. 组合预测方法有效性理论及其应用 [M]. 北京：科学出版社, 2008.

[107] 金锡志. 机器磨损及其对策 [M]. 北京：机械工业出版社, 1996.

[108] 王玉新. 云师大商学院精品课程内容管理系统的设计与实现 [D]. 成都：电子科技大学, 2015.

[109] 高玉光. 提升设备工况监测与故障诊断网络试验平台 [D]. 太原：太原理工大学, 2017.

[110] 杨倩. 基于 WEB 的药店管理系统 [D]. 天津：天津大学, 2014.

[111] 路玉. 基于 Ajax 技术的在线考试系统的设计与实现 [D]. 成都：电子科技大学, 2013.

[112] 赵庆娜. 基于 ASP. NET 的科研管理系统的研发 [D]. 西安：西安电子科技大学, 2014.

[113] 渠雁晓. 基于 WebGL 的煤矿机械装备数字模型平台设计 [D]. 太原：太原理工大学, 2016.